跟孩子一起玩编程

App Inventor

趣味应用开发实例

金从军
张路
编著

化学工业出版社

·北京·

App Inventor是一个可视化的开发工具，用于开发安卓应用。在App Inventor中，代码的编写过程像玩拼图游戏，代码变成了一个一个可拼接的"块"，编写程序就是将这些"块"拼装在一起。

本书采用全彩图解的形式，通过15个不同侧重方向的开发实例，介绍了App Inventor的使用方法，以及利用App Inventor进行游戏和应用开发的技巧。内容丰富实用，趣味性强，编程步骤讲解细致，编程思想阐述透彻，重难点提示突出。同时，还提供所有源程序、素材下载以及相关教学视频，方便读者学习。

本书非常适合App Inventor初学者、青少年朋友及其家长、中小学信息技术老师等自学使用，也适合青少年编程培训机构用作教材。

培养孩子的编程与逻辑思维能力，就从这本书开始吧！

图书在版编目（CIP）数据

跟孩子一起玩编程：App Inventor 趣味应用开发实例／金从军，张路编著. -- 北京：化学工业出版社，2019.8

ISBN 978-7-122-34473-1

Ⅰ．①跟… Ⅱ．①金… ②张… Ⅲ．①移动终端 – 应用程序 – 程序设计 – 儿童读物 Ⅳ．① TN929.53-49

中国版本图书馆 CIP 数据核字（2019）第 091654 号

责任编辑：耍利娜 文字编辑：吴开亮
责任校对：刘 颖 装帧设计：王晓宇

出版发行：化学工业出版社（北京市东城区青年湖南街 13 号 邮政编码 100011）
印 装：北京建宏印刷有限公司
710mm×1000mm 1/16 印张 17 字数 302 千字 2019 年 10 月北京第 1 版第 1 次印刷

购书咨询：010-64518888 售后服务：010-64518899
网 址：http://www.cip.com.cn
凡购买本书，如有缺损质量问题，本社销售中心负责调换。

定 价：79.00 元 版权所有 违者必究

一个适龄儿童，会在秋季进入小学，并从此开始了学生生涯。作为家长，没有人会怀疑孩子上学的必要性。但是，如果打算让孩子去学钢琴，那么他（她）的家长一定经历过反复的思考：为什么要学钢琴？如果必须给足3个理由的话，那么应该是：第一，培养音乐素养，未来成为有修养的人；第二，磨练意志；第三，学会一种技能，如果恰好孩子有天赋，也许未来会成为一位钢琴家。

如今，提到编程，很多家长的心中可能怀着疑问：为什么要让孩子学习编程？并不是所有家长都期待孩子未来会做一名程序员。

那么，学习编程对孩子有哪些好处呢？第一，编程是一种附加技能；第二，编程可以将现有学科联系起来，成为不同学科的实验室；编程可以培养一个人观察问题、分析问题、解决问题的能力，这些问题指的不是书本上的题目，而是现实世界中的真实问题。下面为简短的解释。

一、编程是一种附加技能

所谓学习编程，指的是学习一门语言——与机器进行交流的语言。人与机器之间使用程序语言进行交流，如C、Java、Python等，也包括App Inventor中使用的块语言。

科学技术飞速发展，"飞"意味着速度极快，智能手机就是一个例证。人造物就像被赋予了生命，它们有身份，有智能，甚至有行动能力，可以实现远程控制等。在可预见的未来，也许一两年，也许三五年，我们的周围将充满这样的人造物。通过简单的编程，可以让人造物满足用户的个性化需求。时下流行的概念，如无人驾驶汽车，也许下一刻就会来到你的身边。

可以预见，在不久的将来，编写程序将不再仅是一种职业，而可能是一种技能，掌握这个技能的人，将拥有更多与机器交流的机会。

二、编程贯通各个学科

这个结论虽然无法用推理来证明，但当你阅读本书的目录时，相信你会有所体会。书中包含了15个应用案例，从应用名称上看，它们覆盖了语文、数学、物理、英语、音乐、美术等学科，实际上还远不止于此。每个应用几乎都涉及功能描述、用户界面设计、编写程序与调试等环节，每一段功能描述都是一篇完整的说明文，每个用户界面设计都要基于产品功能与用户体验，而程序的编写与调试更离不开缜密的思考与判断。因此，完成一个应用，对开发者而言，是一次解综合题的过程，这里所说的综合题，不仅限于某个学科，而是覆盖多学科的、真正的综合性问题。游戏类应用最能体现这种综合性，典型的例子就是第14章的接彩蛋游戏，彩蛋的外形设计、不同类型彩蛋出现的概率、彩蛋位置的随机性、下降的速度等，这些因素都会影响游戏的趣味性，对于开发者而言，这些都是具有挑战性的综合性问题。

三、解决真实的问题

第三点不仅仅是第二点的推论，还有另外两层含义。作为学生，他们面临的大部分问题是书本上的问题，这些问题多半是对现实世界问题的简化——保留了关键因素，忽略了非关键因素。然而在现实世界里，也许正是那些非关键因素决定了事情的成败，这是第一层含义。第二层含义是：书本上的问题都有明确的答案，而现实世界中的问题没有答案，甚至连解题方法都是未知的。

在用计算机解决现实世界的问题时，需要的不仅仅是编程的知识与技能，还需要使用数学、物理等学科的思维方式，对现实世界的问题加以抽象，提取出其中的数学或物理概念，然后再将这些数学、物理概念转化为计算机能够处理的数据，最后才是编写程序、解决问题。本书的最后两章"数独"和"五子棋"体现了这一解题过程。以数独为例，这本来是一个算术问题，但是要让问题可解，必须将算术问题转化为集合问题，有了集合这门数学语言，才能将问题转化为程序能够处理的数据，并最终使问题得解。

本书共16章，包含15个案例，第2～10章中的案例相对简单，偏重于基本知识与基本技能的讲解，适合于小学高年级以上的学生；第11～13章中案例的复杂程度加大，程序编写的难度也有所提升，适合初中以上的学生；第14～16章中选择的是游戏类案例，综合性较强，尤其是"数独"游戏中涉及了高中数学知识（集合），适合初中高年级或高中学生。

书中使用的素材文件（图片、声音或文本文件）及项目源码可扫描下方二维码下载使用。

最后，App Inventor本身是一款可视化的编程工具，操作起来相对简单，而经过多年应用并完善之后的汉化版本使学习曲线变得更加平滑，这也是编者奋斗的目标——把编程语言变得跟输入法一样简单，让每个人都能很容易地学会编程，并体会创造的快乐。

编著者

源程序及素材下载

目录

CHAPTER 01 > App Inventor 简介

第一节 ▷ 理解开发工具

常言道："工欲善其事，必先利其器。""人巧不如家什巧。"这里的"器"和"家什"指的就是工具。

一 人与工具

木匠要想制作家具，各种工具是必不可少的，但木匠的本事不在于拥有工具，也不仅仅在于会使用工具，而在于使用工具制作出各式各样好用的家具。技术进步导致了工具的变革，手工的锯和刨被电锯和电刨替代，木匠并不因此而无所适从，他们很快适应了新的工具，以更高的效率制作出更多、更好的家具。

众所周知，人类与动物最大的区别，在于人类能发明并使用工具。工具是人类智慧的结晶，也是人类智慧的载体。祖先将生存的经验与技能凝聚成一个个简单而又灵巧的工具，以确保子孙后代都能通过学习来掌握这些技能。

按照学习的难度，我们将工具分为以下三个等级。

① 无须学习就会使用的工具，如螺丝刀、羊角锤、卷尺等。

② 阅读说明书即可学会使用的工具，如电烙铁、吹风机等。

③ 需要专门学习和长期训练才能学会的工具，如木匠的专业工具。

对普通人来说，我们所熟悉的是前两类工具。那些发明工具的人，历经漫长岁月，不断改进和完善工具，如今这些工具才到了我们手里。这些工具之所以简单、易学、易用，是因为前人将经验和智慧融入到了工具中。各种工具如图1-1所示。

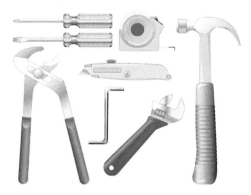

图1-1 各种工具

二 App Inventor是开发工具

App Inventor是软件开发者的工具，它就像五金商店里出售的万能工具箱，里面有螺丝刀、扳手、羊角锤、卷尺等。普通家庭一般都会有这样一个工具箱，里面的"家什"足以应付日常生活中遇到的问题。但是如果想安装空调或热水器，那么这些工具就不够用了，而且普通人也不具备这些专业的技能。

用工具来界定App Inventor，其实是想告诉大家如何更好地学会并使用它。那么App Inventor属于哪一类工具呢？会不会像木匠的专业工具一样复杂和难以掌握呢？不是的！App Inventor是为普通人准备的软件开发工具，不需要特殊的专业背景就可以学会并使用它，准确地说，它属于阅读说明书就可以学会使用的工具。

三 学习使用工具

学习使用工具最便捷的方法是观摩，当你看到别人很熟练地使用工具时，你自然就领会到了工具的用途和使用方法，这也正是本书力图达成的目标。

本书通过循序渐进地讲解不同类型的实例，在介绍编程的基本知识与方法的同时，讲解App Inventor这一开发工具的使用技巧。书中提供的例子，旨在起到抛砖引玉的作用，读者可以跟随学习，在掌握了基本知识与技能的基础上，借鉴这些例子，创建出自己独特的应用。

四 功夫在诗外

我们夸奖一个木匠时，通常会用"心灵手巧"这个成语，"手巧"说的是技术过硬，"心灵"说的是有想法、有办法、有灵感，只有这样才能创造出赏心悦目的、贴合用户需求的作品来。一个具有创造能力的木匠不但手上的活要好，还要见多识广，了解不同类型木材的特质，了解不同用途家具的结构及功能，还要能够理解不同使用者的特殊需求。

我们用App Inventor开发软件，更像是一种创作，技术是一方面，然而更重要的是想法、办法和灵感，是对不同类型应用的理解和使用这些应用时的体验，以及想改进或创建一个应用的灵感和冲动。所谓"功夫在诗外"，说的是诗人的独特之处——不在于他会书写某种格式的文字，而是他对这个世界有独到的观察、理解和表达。期待读者在学习的同时，能够开动脑筋，创建出更多个性化的应用。

第二节 ▶ 认识开发工具

App Inventor起源于谷歌，之后移交给麻省理工学院媒体实验室（MIT Media Labs），目前仍然由该实验室进行后续的开发与维护，谷歌只提供资金支持。

App Inventor最终落户MIT并非偶然。从20世纪60年代开始，在美国，一场称作"以计算机提升教育"的运动一直持续至今，这场运动起源于MIT，标志就是LOGO语言的诞生。提升科学教育水平是美国的国家策略，也是MIT科学家们的使命。因此，App Inventor在它的出生地，是一种特殊的教学工具，学生们使用它创建应用，在这个过程中理解知识、训练思维、提高能力。

最初的App Inventor只有英文版，国内最早的汉化版本于2014年8月2日在www.17coding.net上发布。汉化贡献者张路先生，在此后的几年中，一直致力于对汉化方案进行改进，并最终形成了目前尽可能符合汉语表达习惯的汉化版本，发布在ai2.17coding.net上。

一 开发工具简介

为了方便初学者，本书将以ai2.17coding.net开发环境为基础，讲解后续内容。学习者可以直接访问这个网址，跟随本书的案例创建项目，并编写程序。需要提醒读者的是，该网站没有设置用户权限，你可以看到其他人创建的项目，也可以删除这些项目，同样，你的项目也可以被其他使用者打开或删除，因此要记得随时导出项目。

1. 进入开发环境

在电脑中打开Chrome或Firefox浏览器（苹果电脑可以使用Safari浏览器），如果没有这些浏览器，可以从网上搜索到下载链接，下载安装后打开浏览器。

在浏览器地址栏中输入"ai2.17coding.net"，将打开一个登录页面，输入用户名"test"、密码"test"，点击"登录"即可进入开发环境，如图1-2所示（随着版本的

图1-2　App Inventor汉化版的登录页面

更新，这个页面也许会改变）。

2. 设计视图

登录成功后，进入App Inventor开发环境，并默认打开设计视图，如图1-3所示。

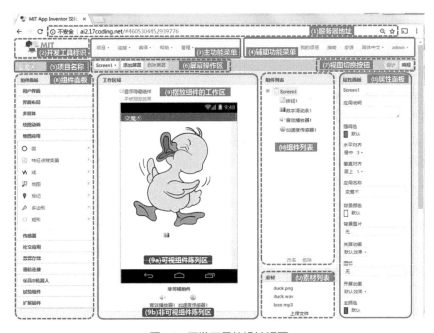

图1-3　开发工具的设计视图

为了便于讲解，我们对浏览器窗口中的不同区域进行了编号，并赋予它们独特的名称。这些名称中，有些是开发工具自有的，如组件面板、属性面板等，有些是笔者命名的，如主功能菜单、屏幕操作区等。在本书的后续章节中，我们将使用这些名称来讲解相关的内容，因此这里特别提醒读者需要记住它们。下面逐一介绍各个区域的功能。

（1）**服务器地址**　这是浏览器的地址栏，输入App Inventor服务器的URL地址，就可以进入开发环境，在本书的附录1中，将介绍自有开发环境的搭建，届时服务器地址将有所不同。

（2）**开发工具标识**　蜜蜂与蜂巢象征着勤劳和富于创造力。

（3）**主功能菜单**　这些菜单的功能是针对项目而设置的，包括项目的创建、保存、导入导出、测试、编译等，此外还可以查看开发工具的版本信息，最右边的"管理"一项为教师提供了查看学生代码的功能，本书不涉及此项内容。

（4）辅助功能菜单　可以打开项目列表，切换开发工具的语言版本（如英文、简体中文），此外还提供了相关教程的链接。

（5）项目名称　正在编辑的项目，它的名称将显示在这里。一个项目就是一个独立的软件，或者说一个完整的应用。

（6）屏幕操作区　一个项目中可以只有一个屏幕，也可以包含许多屏幕（上限是10个），其中每个屏幕相当于一个页面，除了首页（Screen1）不可删除外，其他屏幕均可被创建、打开、关闭或删除。

（7）视图切换按钮　在App Inventor开发环境中，共有两个视图：设计视图与编程视图，设计视图用于设计用户界面，包括为项目添加组件、设置组件名称及属性、上传素材文件等；编程视图用于设计应用的行为，通过编写代码，让组件具有某些功能。在设计视图中点击"编程"按钮就可以切换到编程视图，同样，在编程视图中点击"设计"按钮，可以切换到设计视图。在日常开发过程中，经常会在两个视图之间切换。

（8）组件面板　如果把App Inventor比作一个生产应用的工厂，那么组件就是原材料，而组件面板就是存放原材料的仓库。正如仓库中的货物必须按类别存放一样，组件面板中的组件也是分类存放的。

（9）摆放组件的工作区　每个组件都具有某种独特的功能，当它们被添加到项目中时，或显示在工作区的中央——那个像手机屏幕一样的窗口[图1-3中的（9a）区]，或者落在屏幕的下方[图1-3中的（9b）区]，前者为可视组件，后者为非可视组件。在一个应用中，可视组件会显示在手机屏幕上，用于呈现信息，或侦听与屏幕有关的用户交互行为（触摸、划屏、拖拽等）；非可视组件具有某些特殊功能，但用户看不到它们。

（10）组件列表　项目中的所有组件都会显示在组件列表中，在组件列表中选中一个组件后，可以点击下方的"改名"按钮修改它的名称，也可以点击"删除"按钮将其从项目中删除。

（11）属性面板　每个组件都具有若干个属性，例如按钮的宽度、高度、背景颜色、显示文本等，在组件列表中选中某个组件后，它的所有属性都会显示在属性面板中，可以对其中的任何属性进行设置或修改。

（12）素材列表　在项目中经常会用到一些图片、声音等素材，这些素材文件需要上传到项目中才能使用，点击素材区下方的"上传文件"按钮，可以上传素材文件。在素材列表中点击某个素材文件，可以下载或删除该文件。

3. 编程视图

在设计视图中点击"编程"按钮，开发工具切换到编程视图，如图1-4所示。编程视图被划分为两个主要区域：可用代码块区以及代码块陈列区。

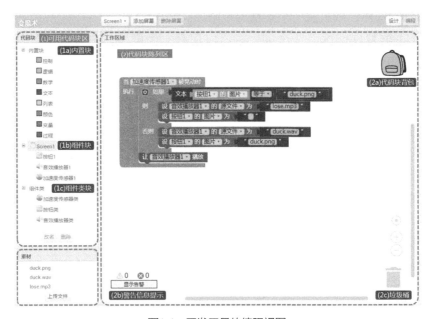

图1-4　开发工具的编程视图

（1）**可用代码块区**　App Inventor所使用的编程语言被称为块语言，它们像积木块一样可以彼此连接。这些积木块被分为三组。

① 内置块：内置块可以在任何项目中使用；

② 组件块：这是与项目中的每个组件相关的代码块；

③ 组件类块：这是与项目中某一类组件相关的代码块。

如果你对这样的描述感到困惑，不必担心，在后续的内容中，我们会针对实例讲解这些块的用法，这里只要留心记住它们的名字，并知道在哪里找到它们即可。

（2）**代码块陈列区**　这里是程序的舞台，项目中的所有代码块都摆放在这里。除了摆放代码块，陈列区还有以下三个特殊功能。

① 代码块背包：在陈列区的右上角有一个背包[图1-4中的（2a）]，用来保存代码块，背包中的代码块可以在不同的项目中共享，当然也可以在同一个项目的不同屏幕之间共享。

② 警告信息提示：陈列区的左下角是警告信息提示区[图1-4中的（2b）]，

黄色三角形表示程序中存在一般性的代码拼写错误，红色叉号表示严重的代码拼写错误，后面的数字表示错误的数量，当排除所有拼写错误后，数字变为0。注意区分代码拼写错误与程序的逻辑错误，错误警示不会发现程序中的逻辑错误。

③ 垃圾桶：在陈列区的右下角有一个垃圾桶[图1-4中的（2c）]，将陈列区的代码块拖拽到该区域时，垃圾桶的盖子会打开，此时松开鼠标，代码将被删除。

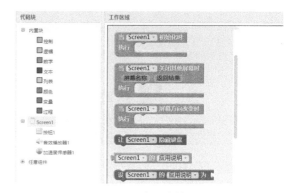

图1-5　代码块抽屉

（3）代码块抽屉　如图1-5所示，任意点击可用代码块中的一项，都将在其右侧打开一个代码块列表，这个列表被称为代码块抽屉，其中存放了许多代码块。注意观察图中代码块的颜色、形状以及块上的文字，注意区分它们之间的差异。

第三节 ▶ 测试工具简介

开发、测试、纠错，再开发、再测试、再纠错，循环往复，直至作品完成，这就是软件开发的过程，测试环节对于软件开发而言是必不可少的，因此，我们除了要掌握开发工具，还要熟悉测试工具的使用。

测试工具有多种选择，可以用安卓手机测试，也可以用电脑测试。本章只介绍手机测试，其他测试工具请参见本书的附录1。

用手机测试，需要在手机上安装并运行一款叫作AI伴侣的应用，因此先来介绍一下AI伴侣。

一 AI伴侣简介

AI伴侣是由App Inventor开发团队提供的一款安卓应用，专门用于与App Inventor开发工具配合使用，对正在开发的应用进行实时测试。

AI伴侣的版本至关重要！正如它的名字一样，AI伴侣与App Inventor从一开始就是相生相伴的，AI伴侣的版本一直与App Inventor版本同步更新，因此，不

同版本的开发工具要与对应版本的AI伴侣配合使用。如图1-6所示，在开发工具的帮助菜单中，可以查看与开发工具版本匹配的AI伴侣信息，也可下载或升级AI伴侣。

图1-6　在开发工具中查看AI伴侣的版本信息

二. 安装AI伴侣

将手机连接到Wi-Fi网络，用手机自带的二维码扫描软件，扫描图1-6中的二维码，就可以下载安装AI伴侣。应用安装完成后，点击"打开"即可启动AI伴侣，如图1-7所示。

注意

由于版本的更新，图1-6中的二维码可能会失效，请读者在开发工具中打开AI伴侣信息窗口，扫描对应的二维码。

| （a） | （b） | （c） | （d） |

图1-7　在手机中下载、安装并启动AI伴侣

三. 连接测试

在正式开始连接测试之前，先打开手机Wi-Fi，并确保手机与开发电脑连接

到同一Wi-Fi网络中。

（1）在开发工具中连接AI伴侣　如图1-8所示，点击连接菜单中的"AI伴侣"一项，将弹出窗口，其中显示一个二维码，以及一个6位编码。

图1-8　在开发工具中连接AI伴侣

（2）在手机中运行AI伴侣　有以下两种方式可以完成连接：

① 点击"扫描二维码"按钮，扫描成功后6位编码会自动填写到编码输入框中，并自动完成AI伴侣与开发工具的连接；

② 将6位编码输入到编码输入框中，并点击"用编码进行连接"按钮，实现AI伴侣与开发工具之间的连接。

（3）开始测试　连接成功之后，手机端会显示应用的用户界面，然后就可以开始测试了。

四 常见问题

根据以往用户的使用经验，在下载安装过程中可能会遇到一些小麻烦，以下予以说明。

① 要使用手机自带的二维码扫描软件，或浏览器地址栏右侧的二维码扫描功能，切记不要在微信中扫描二维码，否则后续的安装步骤会失败。

② 如果手机中已经安装过AI伴侣，最好先卸载已有版本，再安装所需要的版本。

③ 手机中安装的某些安全软件（"卫士""杀毒"等）会将AI伴侣识别为恶意软件加以阻止，这时需暂停运行安全软件，待AI伴侣安装完成之后，再重新启用安全软件。

五 测试方案的衡量

用三个指标来衡量一个优秀的测试方案。

（1）易于实现　安装简单，启动运行顺畅。

（2）测试效率高　满足实时测试的要求，即一旦项目有所改动，测试结果会自动改变。

（3）测试功能完整　能够对传感器、多媒体等功能进行测试。

手机＋AI伴侣的测试方案最容易实现，测试效率高，并且测试功能完整，因此，对于个人开发者而言，建议采用这一方案。

关于离线开发环境的部署及更多可选的测试方案请参见附录1。

第四节 ❯ 作品的发布

图1-9　将项目编译成APK文件

App Inventor可以将开发完成的作品编译成APK文件，APK是Android Package的缩写，可以理解为"安卓安装包"，在安卓设备上运行扩展名为".apk"的文件，可以将应用直接安装到设备上。

在App Inventor开发环境中打开编译菜单，选择其中的前两项，就可以完成对项目的编译，并生成APK文件，如图1-9所示。

如果选择了"显示二维码"，屏幕上将出现一个绿色的进度条，提示编译任务的进度。编译完成后，屏幕上将显示一个二维码，如图1-10所示，二维码中包含了APK文件的下载地址，用手机扫描二维码（切记不要在微信中扫描），扫描成功后，APK文件将下载到手机，之后就可以安装并启动应用了。

图1-10　编译完成后生成二维码

注意图1-10中的提示："此二维码将会在2小时后失效"，因此，如果想随时分享你的应用，可以将编译成的APK文件下载到电脑中，只要在编译菜单中选择"下载到本地"即可。

扫一扫，看视频

本章是全书的第一个实例，也是编程学习的第一个台阶，通过完成一个变魔术的应用，从零开始讲解开发工具的使用方法，以及创建一个应用的具体步骤。本章对具体的操作步骤进行了细微的分解，力图做到巨细无遗，因此，本章是学习后续章节的基础。

第一节　功能描述

按照应用运行的时间顺序，应用的功能描述如下：
① 应用启动时，手机上显示一张鸭子的图片；
② 点击手机屏幕时，鸭子发出叫声；
③ 摇晃手机时，鸭子消失，同时发出消失的音效；
④ 再次摇晃手机时，鸭子重新出现在屏幕上，并发出叫声。

第二节　准备工作

① 一张鸭子的图片：duck.png，图片宽300像素，高300像素；
② 一段鸭子叫声的音频文件：duck.wav；
③ 一段表现消失的音频文件：lose. mp3。

将这些文件保存在开发用的电脑中，如图2-1所示。

图2-1　准备三个素材文件

第三节 用户界面设计

图2-2 创建项目并为项目命名

作为本书的第一个项目，从零开始我们的编程之旅。如图2-2所示，在开发工具中点击"项目"菜单，在下拉列表中选择"新建项目"，弹出"新建项目"窗口，在项目名称输入框中填写"变魔术"，并点击"确定"按钮，这样就完成了项目的创建。

创建完成后的项目如图2-3所示，项目名称已经显示在设计视图的左上角，在组件列表中只有一个组件——"Screen1"，默认处于选中状态（Screen1被绿色

图2-3 新创建的项目在设计视图中的样子

背景衬托），注意此时的"改名"按钮和"删除"按钮，它们处于不可用状态
（注意观察"改名"按钮和"上传文件"按钮在外观上的区别），此时点击这两
个按钮不会发生任何事情，说明Screen1既不能被删除，也不能被改名。

添加按钮组件

下面向新建的项目中添加组件。在设计视图左侧的组件面板中，默认打开的
是"用户界面"分组，其中的第一个组件就是"按钮"，用鼠标将按钮组件拖拽
到Screen1中，如图2-4所示。

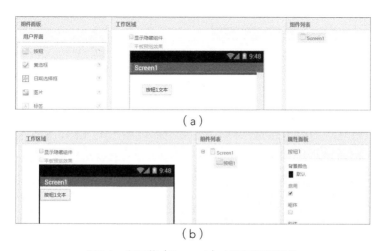

（a）

（b）

图2-4　向屏幕（Screen1）中添加按钮组件

当拖动按钮组件的鼠标滑动到Screen1范围内时，屏幕顶端出现一条蓝色粗
线，如图2-4（a）所示，这意味着此时如果松开鼠标，按钮组件将落在这条蓝线
处。注意这时屏幕右边的组件列表中，仍然只有Screen1一个组件。松开鼠标，
按钮组件落在了屏幕顶端，如图2-4（b）所示，此时，组件列表中多出一个名为
"按钮1"的组件，而且按钮1默认处于被选中状态，观察此时的属性面板，其中
显示的是按钮1的属性。

设置组件属性

在选中按钮1的情况下，修改按钮1的高度、宽度及显示文本属性，如图2-5
所示。设置"按钮1"的宽和高均为300像素，设置"显示文本"为空（删除原有
的默认内容"按钮1的文本"）。

图2-5　为按钮组件设置属性

　　属性设置完成后，按钮1在屏幕中的位置靠近屏幕的左侧，我们希望按钮1在水平方向上位于屏幕的中央。在组件列表里选中"Screen1"，或者直接点击工作区中的Screen1（屏幕中按钮1以外的区域），然后在"属性面板"中设置Screen1的"水平对齐"属性为"居中"，设Screen1的"标题"属性为"变魔术"，设置完成后的用户界面如图2-6所示，标题由原来默认的"Screen1"变成"变魔术"，按钮1的位置变为水平居中。

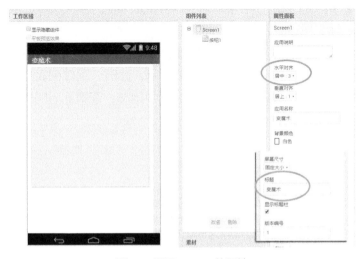

图2-6　设置Screen1的属性

四 添加其他组件

继续向项目中添加组件，在组件面板的多媒体分组中，将音效播放器组件拖入"Screen1"，将传感器分组中的加速度传感器组件拖入"Screen1"，注意这两个组件落在了"Screen1"的下方，它们是非可视组件，如图2-7所示。保留它们的默认名称及默认属性设置。

图2-7　向项目中添加音效播放器及加速度传感器组件

五 上传素材

为了提高应用的趣味性和感染力，常常会在应用中使用图片、声音等文件，这些文件存放在电脑中，需要将它们上传到项目中。点击素材区的"上传文件"按钮，在电脑中找到之前准备好的三个素材文件，逐一上传到项目中，结果如图2-8所示。

图2-8　已经上传的素材文件

素材文件上传完成后，设置按钮1的图片属性为"duck.png"，操作步骤如下：

① 在组件列表中选中"按钮1"，找到属性面板中的"图片"属性，其默认值为"无"；

② 点击"无"弹出可供选择的文件列表，选择其中的"duck.png"，并点击"确定"按钮。

设置结果如图2-9所示。

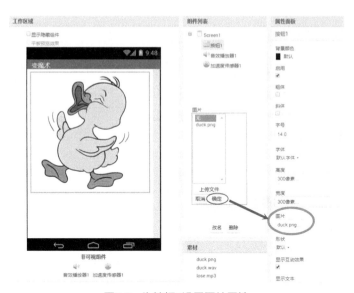

图2-9　为按钮1设置图片属性

到目前为止，我们在设计视图中的任务已经完成，可谓是"万事俱备，只欠东风"，这无影无形的"东风"就是程序。点击"编程"按钮，切换到编程视图。

第四节　编写程序

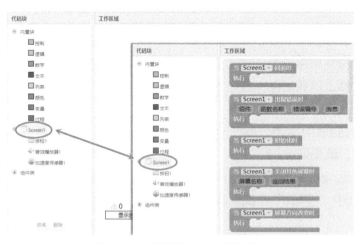

图2-10　编程视图中的可用代码块

在编程视图的可用代码块中，可以看到在"Screen1"分组中有三个组件，如图2-10所示，这与设计视图中组件列表中的情形完全相同，点击包括"Screen1"在内的任意一个组件，都将打开一个代码块抽屉，再次

点击该组件，将关闭代码块抽屉。

一 编写程序——让鸭子叫

① 打开按钮1的代码块抽屉，选中其中的第一个黄色块——当按钮1被点击时（简称事件块）；

② 打开音效播放器1的代码块抽屉，选中倒数第二个块——设音效播放器1的源文件为（简称设置块），将其放置到事件块中；

③ 从文本的代码块抽屉中取出第一个块——空文本，与第（2）步的设置块连接在一起，在文本块中输入"duck.wav"；

④ 从音效播放器1的代码块抽屉中取出第二个紫色块——让音效播放器1播放，放置在设置块下方。

程序编写完成，代码如图2-11所示。

图2-11　让鸭子发出叫声的程序

二 连接测试

① 在开发工具中打开连接菜单，选择其中的第一项——AI伴侣，将弹出窗口显示二维码（其中包含的信息是其右侧显示的6位编码）。

② 手机连接到Wi-Fi网络，运行AI伴侣，点击"扫描二维码"，扫描完成后，稍等片刻，开发工具中的二维码窗口关闭，手机上显示"变魔术"应用。

③ 点击手机屏幕上的按钮，听到鸭子的叫声（如果没有听到，调节手机的音量再试）。

应用在手机上的测试结果如图2-12所示。

图2-12　应用在手机上的测试结果

三 编写程序——让鸭子消失

按照本章第一节第③项的描述，当摇晃手机时，鸭子消失，同时发出消失的音效。

让鸭子消失的程序编写步骤如下：

① 从加速度传感器1的代码块抽屉中选中第二个黄色块——当加速度传感器1被晃动时（简称摇晃事件块），代码块将自动落入工作区；

② 从按钮1的代码块抽屉中选中一个设置属性块—— "设按钮1的图片为" （简称图片设置块）；

③ 从文本抽屉中取出空文本块，连接到图片设置块的右侧。

发出消失音效的程序编写步骤如下：

① 从音效播放器1的抽屉中取出一个设置块——"设音效播放器1的源文件为"（简称源文件设置块），放在图片设置块的下方；

② 从文本抽屉中取出空文本块，连接在源文件设置块的右侧，在文本块中输入"lose. mp3"；

图2-13 让鸭子消失并发出消失音效的程序

③ 从音效播放器1的抽屉中取出紫色的播放块，放置在源文件设置块的下方。

完成后的代码如图2-13所示，此时晃动手机，观察手机屏幕上的变化。

四 编写程序——让鸭子重现

按照本章第一节第④项的描述，在鸭子消失后再次摇晃手机时，鸭子重现，并发出叫声。

同样是摇晃手机，要产生两种不同的效果，那么程序如何知道该做什么呢？这就要对当前的状态进行判断，如果当前按钮的图片属性为空，则显示鸭子图片，并播放鸭子叫声，反之，如果当前按钮的图片属性不为空，则让鸭子消失，并播放消失的音效。具体实现步骤如下。

① 从控制类代码块抽屉中取出第一个块——如果……则（简称"如果"块），点击该块左上角的蓝色标记，打开扩展块窗口，其中有两个扩展块："否则，如果"块以及"否则"块，如图2-14所示，将"否则"块拖入"如果"块中，这样代码块就变成了"如果……则……否则"块。

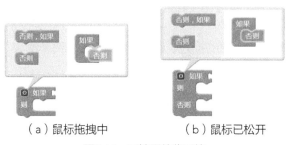

（a）鼠标拖拽中　　　　　　（b）鼠标已松开

图2-14 可扩展的代码块

② 在"如果"两个字的右侧有一个插槽，在此输入判断的条件——按钮1的图片属性为空。

a 从文本抽屉中找到"为空"块，将其连接到"如果"的右侧；

b 从按钮1的抽屉中取出按钮1的图片块，放置在"为空"块的插槽里，结果如图2-15所示。

图2-15　为"如果"块提供判断条件

③ 拖动摇晃事件块中的第一行代码块，将其放在"如果"块的"否则"分支中，如图2-16（a）所示，然后再将整个"如果"块拖入到摇晃事件中，如图2-16（b）所示。

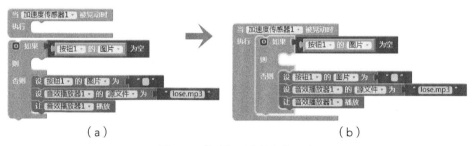

（a）　　　　　　　　　　（b）

图2-16　修改摇晃事件中的程序

④ 仿照"否则"分支中的程序，为"如果"块的"则"分支编写程序，完成后的代码如图2-17所示。

⑤ 代码简化。在图2-17的代码中，"则"分支与"否则"分支中的紫色播放块（让音效播放器1播放）是完全相同的，可以将其移动到如果块的外面，就好像代数运算里的提取公因式一样。简化后的代码如图2-18所示。

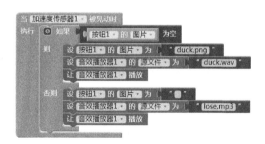

图2-17　完整的摇晃事件处理程序

以上我们完成了本章的全部代码，现在连接AI伴侣进行最终的测试：应用启动后，显示鸭子图片，摇晃之后，图片消失，并发出消失的音效，再次摇晃时，图片又出现，并发出鸭子的叫声。

图2-18　简化后的摇晃事件处理程序

第五节 · 小结

（1）开发三部曲

① 设计用户界面；

② 编写程序；

③ 测试。

以上三个步骤循环往复，直到完成作品。

（2）开发工具使用提示

① Screen1既不能被删除，也不能被改名。

② 将可视组件拖入屏幕时，蓝色粗线表示组件即将停放的位置。

③ 音效播放器有以下四种颜色的代码块。

a. 黄色：事件块。

b. 紫色：功能块。

c. 深绿色：属性设置块。

d. 浅绿色：属性读取块。

④ 可扩展块：凡是左上角有蓝色齿轮标记的代码块都是可扩展块。

练习

有两个手机桌面的截屏图片，如图2-19所示，还有一段玻璃破碎的声音文件，制作一个魔术应用：当触摸手机屏幕时，产生屏幕碎裂的效果，摇晃手机后，屏幕复原。

图2-19　手机桌面屏幕截图

扫一扫，看视频

CHAPTER 03 > 调色板

计算机可以用于计算，完成大量的事务性工作，同样，它也可以用于创作，绘画就是一种创作。本章讲述的调色板，是为真正的创作做一点准备工作——调出画笔的颜色。

第一节 预备知识——数字与颜色

计算机可以对数字进行运算，也可以处理文字、图像、声音、视频等各类信息，然而，无论是哪一种信息，在计算机看来都不过是数字，而且最终都要转化为由0、1组成的二进制数。将其他种类的信息转化为数字，这个过程叫作编码；反之，将数字还原成人类能够识别的信息，这个过程叫作解码。编码和解码都要遵循一套严格的规则，可以将编码过程理解为将汉语翻译成英语，但翻译的结果是唯一的，不像自然语言的翻译，可以有多种表达方式。本章我们只关注将数字转化为颜色的"解码"操作。

在App Inventor中有三种类型的颜色代码块，如图3-1所示。一种是具体的颜色块，如图3-1所示的那些彩色块；第二种是合成颜色块，它可以将数字转化为颜色，也就是我们所说的解码功能——将数字还原成人类可识别的颜色；第三种是分解色值块，它可以将某种颜色分解成数字，对应于编码功能。本章将使用合成颜色块，来生成各种不同的颜色。

我们来了解一下颜色合成的原理。你也许知道"三原色"的概念，即可见光是由红、绿、蓝三种不可再分的基本颜色（原

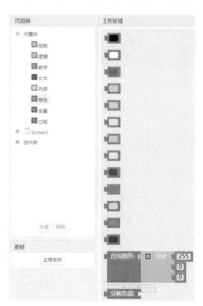

图3-1　App Inventor中与颜色有关的代码块

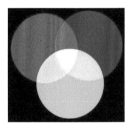

图3-2　颜色的合成

色）混合而成，如图3-2所示。当红、绿、蓝三种颜色的纯度达到饱和时，合成的颜色为白色；当三种颜色的纯度为0时，合成的颜色为黑色。

计算机的颜色合成机制同样遵循这样的原理，我们称之为RGB颜色模型，其中R＝Red，表示红色；G＝Green，表示绿色；B＝Blue，表示蓝色。每种原色都有256个纯度等级，取值为0～255，术语称为色阶。在图3-3中，合成颜色列表中的第一个值表示红色色阶，第二个是绿色色阶，第三个是蓝色色阶，它们取0～255之间不同的值，所得的颜色也不相同。有兴趣的读者可以计算一下，这个合成颜色块一共可以生成多少种不同的颜色。

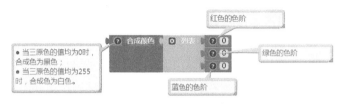

图3-3　理解合成颜色块

第二节　功能描述

调色板不是一个完整的应用，而是涂鸦板应用的一个子功能，它有以下四个基本功能。

① 应用启动时，设置红、绿、蓝的默认取值为0，调色板的默认颜色为黑色；

② 可以任意调节红、绿、蓝三种原色的色阶，取值为0～255，并由此生成合成颜色；

③ 显示合成颜色；

④ 恢复调色板的默认颜色——黑色。

第三节　用户界面设计

创建一个名为调色板的项目，向项目中添加下列组件。

① 三个文本输入框，用来输入RGB的值；

②一个标签，充当调色板，显示合成之后的颜色；

③ 第一个按钮，用户将输入的数字合成为颜色，并显示在标签中；

④ 第二个按钮，用于恢复调色板的默认颜色。

以上组件如果直接从组件面板拖入工作区，它们将沿着垂直方向排列在屏幕中，如图3-4所示，但是我们希望这些组件能够按照顺序分组排列，这就需要用到布局组件。

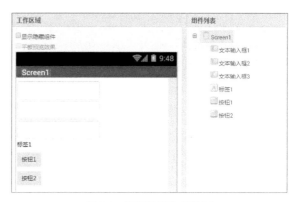

图3-4 将组件拖入工作区

一 布局组件简介

App Inventor提供了以下五种布局组件，如图3-5所示：

（1）**水平布局** 放入其中的组件沿水平方向排列；

（2）**水平滚动布局** 放入其中的组件沿水平方向排列，当内部组件的总宽度超过屏幕宽度时，用户可以左右滑动屏幕查看全部内容；

（3）**表格布局** 可以设定表格布局的行数和列数，用户界面组件可以放在单元格中，以便于组件整齐排列，如果两个组件放在一个单元格中，它们将沿垂直方向排列；

（4）**垂直布局** 放入其中的组件沿垂直方向排列；

（5）**垂直滚动布局** 放入其中的组件沿垂直方向排列，当内部组件的总高度超过屏幕高度时，用户可以上下滑动屏幕查看全部内容。

以上五种布局组件可以嵌套使用，下文中会讲解嵌套的方法。

图3-5 五种布局组件

二 使用布局组件

按照下面的步骤重新布置现有组件：

① 添加一个水平布局组件（名称为"水平布局1"），设置其宽度为充满；

② 将"标签1"拖入"水平布局1"；

③ 添加一个垂直布局组件（名称为"垂直布局1"），将其放置在"水平布局1"中，位于"标签1"右侧；

④ 将三个文本输入框拖入"垂直布局1"；

⑤ 添加第二个垂直布局组件（名称为"垂直布局2"），放在"水平布局1"中，位于"垂直布局1"右侧；

⑥ 将"按钮1""按钮2"拖入"垂直布局2"。

重新布置后的工作区如图3-6所示，在工作区中，布局组件带有一个黑色的边框，这是为了显示布局组件的作用范围，在手机中测试时，不会出现黑色边框。

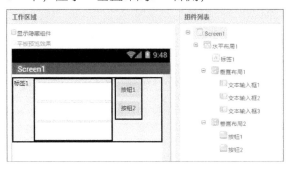

图3-6 添加了布局组件之后的组件排列方式

三、为组件命名

图3-7 修改组件的名称

如图3-6所示，项目中的每个组件都有一个默认的名称，如"标签1""按钮2"等，这样的名称无法准确地表示这个组件的用途，尤其是切换到编程视图之后，当项目中有多个同种类型的组件，而又要对这些组件编写程序时，麻烦就来了。你会被这些编号为1、2、3的名称搞乱思路，并破坏掉创作的灵感。因此，添加完组件之后的第一要务，是为这些组件取一个恰如其分的名字，就像父母为初生的婴儿起名字一样。

在App Inventor中，已经添加到项目中的组件，除屏幕组件外，其余所有组件都可以改名。名称的修改结果如图3-7所示。

四 设置组件属性

虽然使用了布局组件，但是这些组件的排列还是不够整齐、美观，可以通过设置组件的宽度、高度属性来美化布局。设置组件属性也是在设计视图中要完成的重要任务之一。表3-1给出了每个组件的属性设置结果。设置成功后应用在手机中的效果如图3-8所示。

图3-8 设置成功后的用户界面

表3-1 组件的属性设置

组件类型	组件名称	属性	属性值
屏幕	Screen1	标题	调色板
水平布局	水平布局1	宽度	充满
标签	合成结果	宽度、高度	充满
		背景颜色	黑色
		文本颜色	白色
		显示文本	合成结果
		文本对齐	居中
垂直布局	垂直布局1	宽度	充满
文本输入框	红色色阶 绿色色阶 蓝色色阶	宽度	充满
		提示	R: 0 ~ 255 G: 0 ~ 255 B: 0 ~ 255
		显示文本	0
		仅限数字	勾选
垂直布局	垂直布局2	高度、宽度	充满
按钮	合成按钮	宽度、高度	充满
		显示文本	合成颜色
	恢复默认按钮	宽度、高度	充满
		显示文本	恢复默认

完成了属性的设置，设计视图中的任务就完成了，注意观察"垂直布局2"以及其中两个按钮的状态，它们充满并均分父容器。下面该切换到编程视图，开

始编写程序了。

第四节 编写程序

将开发工具切换到编程视图，按照第二节功能描述中的顺序，逐步实现各项功能。

1. 屏幕初始化事件

凡事都有始有终，如同生命一般，应用也有自己的生命周期。在应用的整个生命周期中，有许多事件可能会重复发生（如按钮点击事件），但有两件事只会发生一次，那就是应用的启动和退出。应用启动时会触发屏幕初始化事件，该事件发生在项目中的全部组件创建完成之后。我们希望有些指令在应用启动时就开始执行，这样的指令就需要放在屏幕初始化事件中。

虽然我们已经在设计视图中完成了对合成结果标签背景色的设置，但在这里想要说明，同样的属性设置，也可以用代码来完成。

打开"Screen1"的代码块抽屉，如图3-9所示，其中的第三个黄色块就是屏幕初始化事件块，点击该块，它将自动落入工作区域。

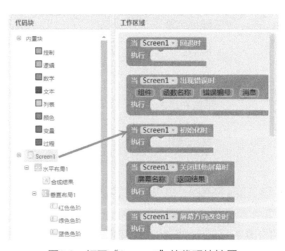

图3-9 打开"Screen1"的代码块抽屉

2. 设置标签的背景色

① 打开合成结果标签的代码块抽屉，取出第一个深绿色的块，上面的文字为"设合成结果的背景颜色为"（以下简称为设置颜色块），代码块的右侧有一个插槽，等待其他块来填充。

② 将设置颜色块拖拽到初始化事件块中。

③ 打开颜色代码块抽屉，从中取出合成颜色块，注意合成颜色块的左侧有一个插头，这意味着这个块可以填充到有插槽的块中。

④ 将合成颜色块与设置颜色块连接在一起，如图3-10所示。接下来要将图中的三个数字替换成三个文本输入框中的显示文本属性。

图3-10　设置合成结果标签的背景颜色

⑤ 打开红色色阶输入框的代码块抽屉，取出任意一个浅绿色的读取属性块，如第一个浅绿色块——红色色阶的背景颜色，如图3-11所示，点击块上"背景颜色"右侧的倒三角标记，将打开一个属性列表，可以从中选择任何一项，此时选择"显示文本"项。

图3-11　打开读取属性块的属性列表

⑥ 用"红色色阶的显示文本"块（以下简称红色文本块）替换合成颜色列表中的第一个值——255，然后用鼠标右键点击该块，将弹出快捷菜单，如图3-12所示，选择其中的第一项——复制代码块。

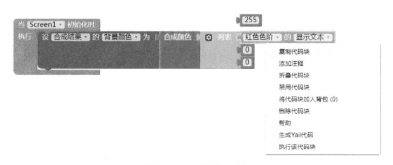

图3-12　复制代码块

27

图3-13　打开读取属性块的组件选择列表

图3-14　最终完成了对背景颜色的设定

⑦ 用复制所得的第二个红色文本块替换合成颜色列表中的第一个"0"，然后点击该块中"红色色阶"右侧的倒三角标记，打开一个下拉列表，如图3-13所示，其中有三个可选项，它们都是文本输入框类组件，选中其中的第二项——绿色色阶。

⑧ 用同样的方法获得"蓝色色阶的显示文本"块，并用它替换掉合成颜色块中的另一个"0"，最后得到我们需要的代码，如图3-14所示。现在可以将图中的三个数字块丢进垃圾桶了。

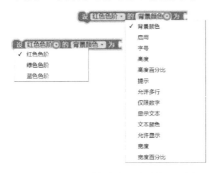

图3-15　设置属性块也可以选择同类组件以及不同属性

以上我们分八个步骤完成了对标签背景颜色的设置，其中介绍了App Inventor的代码使用技巧——复制代码、在读取属性块中选择同类组件、选择不同属性等，后两者也适用于设置属性块，如图3-15所示。了解这些技巧可以帮助我们快速地创建代码。

此时如果测试程序，并不能显示上述代码的作用，因为已经在设计视图中设置了合成结果标签的背景颜色。

二、显示合成颜色

打开合成按钮的代码块抽屉，取出第一个黄色块——点击事件块，将屏幕初始化中的代码块复制一份（鼠标右键点击深绿色的部分——设置背景块），添加到合成按钮的点击事件中，代码如图3-16所示。

图3-16　合成按钮点击事件中的代码与屏幕初始化事件中的代码完全相同

此时，需要对代码进行测试。

（1）在App Inventor中点击"连接"菜单，选择AI伴侣一项，弹出二维码；

（2）手机连接Wi-Fi，启动AI伴侣，扫描二维码；

（3）扫描成功后，手机中显示应用的用户界面，在三个输入框中输入0～255之间的整数，然后点击"合成颜色"按钮。

测试结果如图3-17所示。注意在屏幕的下方显示了数字输入按钮。当用户选中某个输入框后，手机将弹出输入键盘，由于设置了三个文本输入框的"仅限数字"属性，因此，弹出的输入键盘中仅有数字键。修改红、绿、蓝的色阶值，并观察合成颜色的变化。

图3-17 测试"合成颜色"按钮的点击事件

二 恢复默认颜色

恢复默认颜色的操作包含了以下两项内容：

（1）将三个文本输入框中的显示文本设为"0"；

（2）根据三个文本输入框中的值，设置合成结果标签的背景颜色。

打开恢复默认按钮的代码块抽屉，从中取出点击事件块，并分别完成上述操作，完成后的代码如图3-18所示。

图3-18 恢复合成结果标签的默认背景颜色

在测试手机中点击"恢复默认"按钮，三个文本输入框中均显示数字"0"，合成结果标签的背景颜色变为黑色，测试成功。

至此已经完成了预定的目标，实现了调色及恢复默认颜色功能，下面我们要学习一项重要的编程技术——定义过程。

第五节 定义过程与调用过程

让我们回顾一下已经完成的代码，如图3-19所示，不难发现，在这些事件处理程序中，都包含了一段共同的代码，即"设合成结果的背景颜色为"一项。当程序中多次用到同一段代码时，就有必要将这段代码封装为过程。下面我们先来完成代码的改造，然后再来说明其中的概念，并解释这样做的必要性。

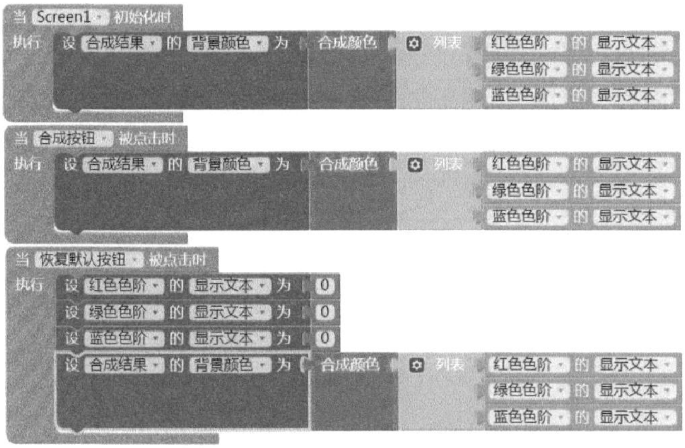

图3-19 已经完成的代码

（1）**取出定义过程块** 打开内置块分组中的过程块抽屉，如图3-20所示，其中包含了两个半包围结构的紫色代码块，取出第一个过程块。

图3-20 在过程的代码块抽屉里包含两个紫色代码块

（2）**为过程命名** 就像每个组件都有一个默认的名称一样，过程也有一个默认的名称，即"我的过程"，用鼠标点击"我的过程"，可以删除默认名称，并输入需要的名称。给过程起名，同样要考虑贴合过程的功能，可以叫作"设置背景色"。

（3）**为过程编写代码**　将屏幕初始化程序中的代码直接拖拽到设置背景色过程里，就完成了过程的定义，如图3-21所示。

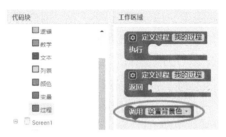

图3-21　完成过程的定义

（4）**自定义过程**　再次打开过程抽屉，发现其中多了一个紫色代码块，这正是我们刚刚定义的过程——"设置背景色"，如图3-22所示，这个过程也被称为自定义过程。

图3-22　过程抽屉里多了一个紫色代码块

（5）**调用过程**　取出自定义过程，将其放在已经空了的屏幕初始化事件块中，这就完成了过程的调用。同样，复制这个自定义过程块，用它替换掉另外两个按钮点击事件块中重复的代码，结果如图3-23所示。

图3-23　过程的调用

这样就完成了过程的定义和调用。下面来解释什么是过程，以及定义过程的必要性。

过程，英文为procedure，原义为"完成一项任务所必须具备的步骤"，也可以译作程序，在编程语言中译作"过程"。当程序中出现重复的代码时，可以将重复的代码封装为过程，并用过程替换那些重复的代码。

为过程命名，这件事充满了玄机，一个含义贴切的过程名称，会让代码具有良好的可读性，也就是说，阅读代码如同阅读短文一样平易。因此，过程的名称要能够体现过程的功能，如前文我们定义的"设置背景色"过程。

在编程技术中，定义过程的目的是为了提高代码的复用性，即一次编写代码，可以在多处使用。实际上，复用还不是唯一的目的，更重要的是，复杂的程序通常不可能一次完成，而是需要多次修改，如果被修改的恰好是那些在多处重复使用的代码，那么这样的修改就会为程序埋下隐患，因为你可能忽略了某处重复的代码。如果将重复的代码封装为过程，那么修改就只涉及过程，而不影响过程以外的程序。

第六节 小结

① 组件的属性设置既可以在设计视图中完成，也可以在编程视图中用程序来实现（个别属性除外，如组件宽高属性的充满设置）。

② 布局组件的使用。

a 布局组件可以嵌套使用，以实现结构复杂的用户界面；

b 合理设置组件的高度及宽度，可以让界面整齐美观；

c 当垂直布局中包含多个内部组件，且内部组件的高度均为充满时，内部组件将均分垂直布局组件的高度，这个结论可以扩展到水平布局组件。

③ 命名的重要性。为组件及过程取一个含义贴切的名字，可以提高代码的可读性。

④ 屏幕初始化事件发生在应用启动时，所有组件创建完成之后。

⑤ 定义过程。可以提高代码的复用性，并降低出错的可能性。

⑥ 学会复制代码，在设置属性块及读取属性块中选择同类组件及不同属性，可以提高编写代码的效率。

扫一扫，看视频

　　这个游戏可以在两个人之间进行，假设他们为甲和乙，又假设猜数的范围是100以内的自然数。甲在纸条上写出一个数，不让乙看到，乙猜数，甲只能回答"大了"或"小了"，直到乙猜到答案，记录乙共猜了多少次。然后反过来乙出数，甲猜数，记录甲猜的次数，与乙的次数比较，次数少者胜。现在我们要做一款安卓应用，让程序来出数，然后由你和你的朋友们来猜数，看看谁的成绩最好。

第一节 > 功能描述

　　按照应用运行的时间顺序，功能描述如下。

　　① 应用启动时，随机生成一个1～100之间的自然数，称其为"目标数"。

　　② 用户输入一个数，称其为"猜测数"，应用给出一个提示：

　　a. 如果猜测数＜目标数，提示"小了"，并累计猜测次数；

　　b. 如果猜测数＞目标数，提示"大了"，并累计猜测次数；

　　c. 如果猜测数＝目标数，提示"答对了"，累计并提示猜测次数及最小次数。

　　③ 再来一次：猜中目标数之后，允许应用生成新的目标数，并继续游戏。

第二节 > 用户界面设计

　　本节首先介绍用户界面设计的一般思路，然后再结合本章例子的具体功能，给出用户界面的设计结果。

一　列出所需组件

根据功能描述的内容，分析应用中可能用到的组件。

（1）**文本输入框1个**　供用户输入猜测数。

（2）**标签1个**　用来显示"大了""小了""答对了"等提示信息。

（3）**按钮2个**

① 提交答案按钮：用户输入猜测数后，点击此按钮提交答案。

② 再来一次按钮：用户猜中后，点击此按钮生成新的目标数。

二　考虑组件的布局

如何在屏幕上摆放这些不同类型、不同功能的组件，才能让用户在使用过程中体会到方便和舒适，这是软件开发者必须考虑的问题。那些让用户不必思考，上手就会使用的用户界面，一定具有合理的页面布局。这里介绍一些简单的概念和原则，供读者参考。

1. 基本概念

（1）**动作**　用户通过点击、输入、滑屏等行为推进程序的运行，这些行为称作动作。

（2）**反馈**　程序对用户的动作做出回应，叫作反馈，如发出声音、显示文字等。

（3）**交互行为**　动作与反馈构成了应用中的交互行为，一组交互行为中可能包含多个动作与反馈；一个应用中可能包含若干组交互行为，全部交互行为构成了应用的完整功能。

（4）**时间顺序**　即动作、反馈或交互行为在时间上的先后顺序。

2. 基本原则

① 以时间顺序为核心，考虑用户界面的布局问题；

② 按照时间顺序自上而下地安排交互行为；

③ 针对一组交互行为，按照时间顺序自上而下或自左向右地安排动作及反馈。

按照上述原则，将猜数应用划分为以下两组交互行为。

（1）答题交互

① 动作1：输入数字。

② 动作2：点击按钮提交答案。

③ 反馈：对用户输入的答案做出回应（在标签上显示"大了""小了"等）。

（2）**再来一次交互**　用户猜中后，重新开始下一轮游戏。

① 动作：用户点击"再来一次"按钮。

② 反馈：开始新一轮游戏（生成新的目标数，清空标签及输入框等）。

针对上述原则，以及对交互行为的分组，来设置组件的布局。

三　设置组件布局与属性

进入App Inventor开发环境，创建一个新项目，命名为"猜数游戏"，向项目中添加水平布局组件、文本输入框、标签及两个按钮，为组件命名，并设置组件的属性。如图4-1所示，组件名称及属性设置见表4-1。

图4-1　设计用户界面

表4-1　组件名称及属性设置

组件类型	组件名称	属性	属性值
屏幕	Screen1	水平对齐	居中
		标题	猜数游戏
水平布局	水平布局1	宽度	充满
文本输入框	猜测数输入框	宽度	充满
		提示	输入100以内的自然数
		仅限数字	勾选
按钮	提交答案按钮	宽度	100像素
		显示文本	提交答案
标签	信息提示标签	宽度	充满
		高度	100像素
		文本对齐	居中
按钮	再来一次按钮	宽度	充满
		显示文本	再来一次

图4-2 在测试手机中查看用户
界面的设计效果

连接AI伴侣,在手机中测试用户界面的设计效果,如图4-2所示。在手机中点击猜测数输入框,屏幕下方弹出数字键盘。用户界面虽然简单,但干净整洁。

第三节 编写程序——屏幕初始化程序

按照应用运行的时间顺序,首先编写屏幕初始化程序。

在屏幕初始化时,需要完成下列任务。

① 设置信息提示标签的显示文本为空;

② 禁用"再来一次"按钮;

③ 生成一个1~100之间的随机整数,并记住这个随机数。

注意第③项任务中"记住这个随机数"的要求。在甲、乙两人玩这个游戏时,出题者需要将心中想好的数写在纸上,以便与答题者的猜测结果进行比对,同时避免出题者遗忘或抵赖。在人对电脑的游戏中,程序可以自动生成一个随机数,这个随机数也同样需要"写在纸上"以避免被遗忘(机器不会抵赖,但会遗忘),程序中用来临时保存数据的"纸"叫作变量。

一 声明全局变量

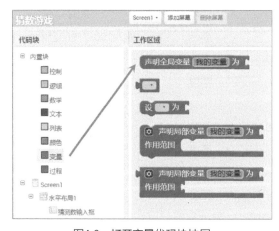

图4-3 打开变量代码块抽屉

将开发工具切换到编程视图,打开变量代码块抽屉,看到里面有五个块,本章要使用的是第一个块——"声明全局变量为",如图4-3所示。

取出第一个块。正如组件和过程都有其默认的名称,变量也不例外,变量的默认名称是"我的变量"。变量需要一个贴切的名字,我们将其命名为"目标

数"，如图4-4所示。从数学抽屉中取出数字
"0"，填充到目标数右侧的插槽中，这项操作叫
作"为变量赋值"，或者"为变量赋初始值"。

声明全局变量 目标数 为 0

图4-4 为变量命名并赋初始值

二. 生成随机数

打开数学代码块抽屉，找到随机整数块，如图4-5所示。这个块中有两个插
槽，其中已经填写了两个数字（1与100），第一个数规定了随机整数的最小值，
第二个数规定了随机整数的最大值。开发者可以根据需要修改这两个数字，本章
的随机数范围恰好是1～100，因此这里不需要修改。

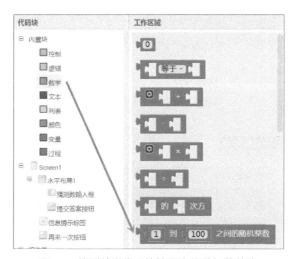

图4-5 找到数学代码块抽屉中的随机整数块

三. 为全局变量赋值

将鼠标悬停在全局变量块的"目标数"三个字上，会弹出一个小窗口，里面
有两个代码块，如图4-6所示。其中上面的块用来读取变量值（块的左侧有插
头），此时变量的值为0；下面的块用来设置变量值（块的右侧有插槽），之后
我们让它等于一个随机整数。

图4-6 从全局变量块中获取变量的读取块与设置块

取出设置块，将随机整数块填充到设置块右侧，这样就完成了对变量的赋值，如图4-7所示。

图4-7　为全局变量赋值

四　完成屏幕初始化程序

从"Screen1"的代码块抽屉中取出初始化事件块，将图4-7中的代码拖入事件块，另外再添加两行代码，设置标签及按钮的属性，最终的代码如图4-8所示。

图4-8　最终的屏幕初始化程序

连接AI伴侣进行测试，查看代码的执行结果，如图4-9所示。与图4-2比较，可以看到信息提示标签中的文字空了，"再来一次"按钮上的文字变为灰色，点击一下没有任何响应（对比一下"提交答案"按钮）。这就是屏幕初始化程序的执行结果。

图4-9　屏幕初始化程序的执行结果

第四节　编写程序——猜答案

猜答案的任务由"提交答案"按钮的点击事件来完成，任务可以分解为下列几个步骤。

① 检查猜测数输入框中是否已经输入了数字。

a. 如果为空，提醒用户输入数字；

b. 如果不为空，判断结果是否正确。

② 对用户输入的数字进行判断，并给出提示。

a. 如果猜测数＞目标数，提示"大了"；

b. 如果猜测数＜目标数，提示"小了"；

c. 如果猜测数＝目标数：

● 提示"答对了，共猜了n次，最小次数为m。"；

● 禁用"提交答案"按钮；

● 启用"再来一次"按钮。

阅读了上述任务分解结果，你是否心存疑惑呢？其中的n和m是从哪里来的呢？我来告诉你，它们都是记录在"纸"上的数字，也就是保存在变量中的数据。

一 声明全局变量

为了记录对某个数的猜测次数，以及最小猜测次数，我们需要声明两个全局变量，它们的名称分别为"猜测次数"及"最小次数"，如图4-10所示。

图4-10 用于记录猜测次数及最小猜测次数的全局变量

注意上述全局变量的初始值，猜测次数为"0"，最小次数为"100"，下文中可以看到它们的作用。

二 编写提交按钮点击事件程序

1. 检查用户的输入

按照对任务的分解，第一步要判断猜测数输入框中是否为空，这需要用到"如果……则……否则"块，这个块也被称作条件语句块。从控制类代码块抽屉中取出"如果……则"块，将其扩展为"如果……则……否则"。需要为"如果"块右侧的插槽提供一个判断条件——猜测数输入框的显示文本是否为空。在文本代码块抽屉中，有一个判断文本是否为空的块，如图4-11所示。

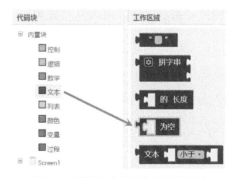

图4-11 判断文本是否为空的代码块

取出"为空"块，将其放在"如果"右侧的插槽中，从猜测数输入框的代码块抽屉中取出"猜测数输入框的显示文本"块，将其填充到"为空"块中，如图

4-12所示。

图4-12　为条件语句提供判断依据

如果用户在尚未输入数字时点击了"提交答案按钮"，那么在信息提示标签中显示"请输入数字"。从信息提示标签的代码块抽屉中取出"设信息提示标签的显示文本为"块（简称设置文本块），放在条件语句的"则"分支中，再从文本类代码块抽屉中取出空文本块，在其中输入提示信息"请输入数字"，并将其连接到设置文本块的右侧，代码如图4-13所示。

图4-13　用标签显示提示信息

2. 判断猜测数的大小

这需要一个更为复杂的条件语句块——"如果……则……否则，如果……则……否则"块，可以从"如果……则"块扩展出这样的块，如图4-14所示。

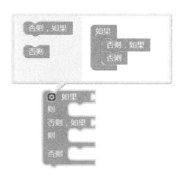

图4-14　从"如果……则"块扩展出更为复杂的条件语句块

第一个"如果"的判断条件为猜测数＞目标数，第二个"如果"的判断条件为猜测数＜目标数，在最后一个"否则"分支中处理答案正确的情况。用于比较数字大小的代码块在数学抽屉中，如图4-15所示，第二个"等于"块便是。

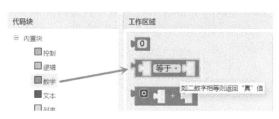

图4-15　用于比较数字大小的代码块

"等于"块是一个多功能块，如图4-16所示，点击"等于"右侧的倒三角，可以打开选项列表，其中包含了所有可能的数字比较方法，我们先选中其中的"大于"一项，这时"等于"块变成了"大于"块。

将"大于"块放入第一个"如果"右侧的插槽中，从猜测数输入框抽屉中取出"猜测数输入框的显示文本"块，放在大于块的第一个插槽中，再从全局变量目标数中取出读取变量块，放在"大于"块的第二个插槽中，这样就完成了第一个条件的设置，代码如图4-17所示。

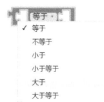

图4-16　"等于"块
是一个多功能块

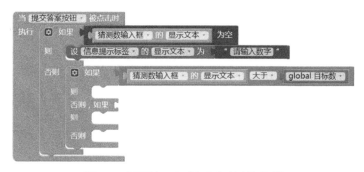

图4-17　设置第一个"如果"的判断条件

用同样的方法设置第二个"如果"的判断条件，注意将"大于"改为"小于"。然后在三个条件分支中分别设置信息提示标签的显示文本，代码如图4-18所示。

这段代码中使用了嵌套的条件语句，即在一个条件语句中包含了另一个条件语句。在图4-18的代码中，我们称判断文本是否为空的条件语句为外层条件语句，称判断猜测数是否等于目标数的条件语句为内层条件语句。当某一项操作可能导致多个结果时，通常会使用这种复杂的条件语句。

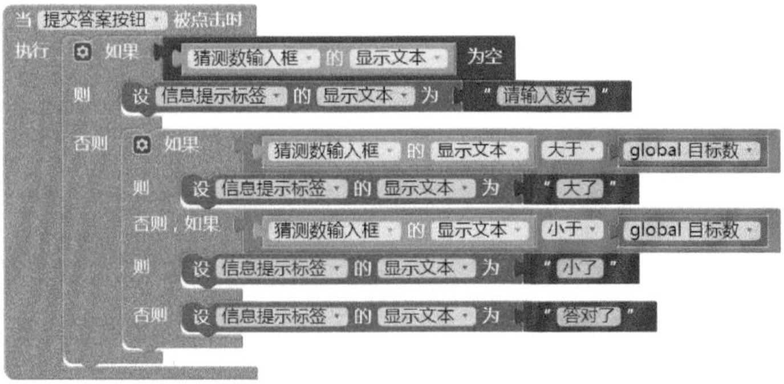

图4-18　针对三种不同的情况设置提示信息

3. 显示猜测次数

无论答案正确与否，只要数字不为空，则累加猜测次数。因此这段程序必须加在外层循环的"否则"分支中。累加的方法如图4-19所示。这个语句叫作赋值语句，它将猜测次数的当前值＋1后，重新保存到猜测次数变量中。

图4-19　累加的方法

当用户猜中答案时，累加所得的猜测次数要体现在提示信息标签中："答对了，共猜了n次"。其中的n＝猜测次数。此时要使用文本类代码块抽屉中的"拼字串"块，如图4-20所示，这是一个可扩展的块，可以将多个文本片段拼接成一段完整的文字。

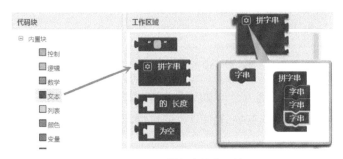

图4-20　用于拼字串的代码块

经过完善的"提交答案按钮"的点击事件程序如图4-21所示。

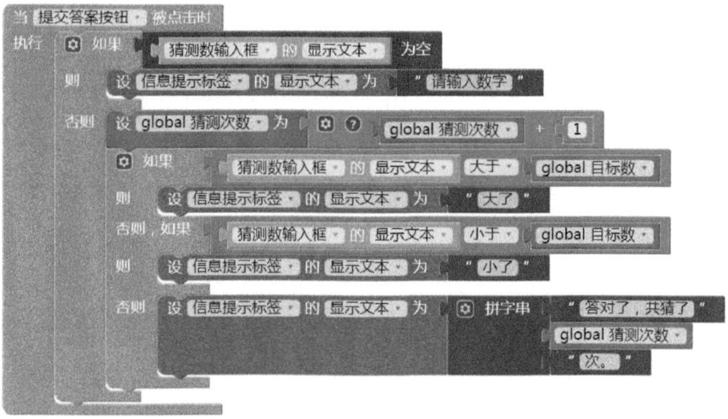

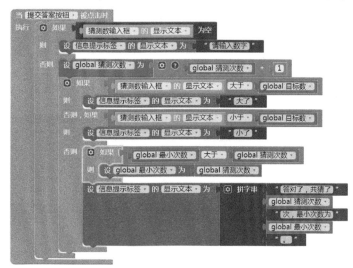

图4-21　经过完善的"提交答案按钮"的点击事件程序

注意

上述代码中累加猜测次数的赋值语句要放在内层条件语句之前，否则，显示的次数会比真正的猜测次数少，想想看为什么。

4. 显示最小猜测次数

全局变量最小次数的初始值为100，这时考虑到用户即便是按顺序逐个数字地猜，总的次数也不会超过100次。当用户猜中时，比较猜测次数与最小次数，如果猜测次数小于最小次数，就用猜测次数替换现有的最小次数。要实现这一功能，需要在上述代码内层循环的"否则"分支中再嵌套一个条件语句，代码如图4-22所示。

图4-22　在提示信息标签中增加最小数的说明

5. 启用再来一次按钮

一旦用户猜中答案，就要禁用"提交答案按钮"，并启用"再来一次按钮"，这部分代码也要放在内层循环的"否则"分支中，可以放在现有代码的后面，最终完成的"提交答案按钮"点击事件程序如图4-23所示。

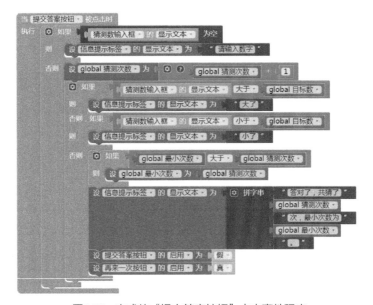

图4-23　完成的"提交答案按钮"点击事件程序

6. 测试

分以上五步完成了"提交答案按钮"的点击事件程序，现在连接手机的AI伴侣进行测试。测试结果如图4-24所示。

图4-24　猜数功能测试结果

第五节 》编写程序——再来一次

这个功能的实现相对简单，从程序的角度来看，"再来一次"意味着要重新设置变量及组件的状态。对于变量而言，有的变量要恢复初始值，如猜测次数，有的变量要重新赋值，如目标数；对于组件而言，有的组件要清空，如标签及输入框的显示文本，有些组件要改变启用状态，如两个按钮组件。

从"再来一次按钮"的代码块抽屉中取出点击事件块，按照上面的叙述，逐一对变量及组件进行设置，结果如图4-25所示。

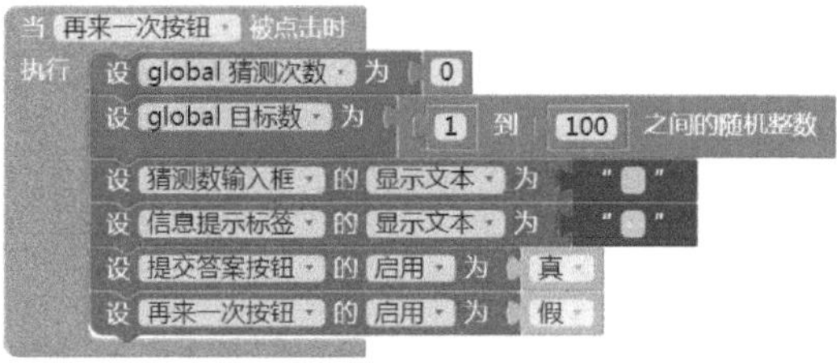

图4-25 "再来一次"意味着重新设置变量及组件的状态

到这里猜数应用就完成了，你可以连接AI伴侣做最后的测试，然后就可以邀请朋友们来玩了。不过，还有两项重要的编程知识需要讲解一下，首先介绍数据类型，然后讲解程序的单步执行与代码的注释。

第六节 》三种基本数据类型

注意观察图4-25的6行代码，它们全部由左、右两部分拼接而成，其中右边带插头的部分被称作"值"。要知道，这里的"值"不仅仅指数值，还包括文本值和逻辑值。在这段代码中，前两行右侧的"0"和"随机整数"的值是整数，中间两行右侧空文本是文本值，最后两行右侧的"真"和"假"是逻辑值。从这些具体的值为出发点，来学习一点编程的基本知识——数据类型。

如果把程序比作一台榨汁机，那么数据就是水果，水果有不同的种类（苹果、橙子、香蕉等），同样，数据也有不同的类型。几乎所有的编程语言中，都有三种基本的数据类型——数值类型、文本类型及逻辑类型，这恰恰是上文提到的三种类型。

一．数值类型

数值类型包含整数和小数，程序对数值类型数据的处理方式是各种数学运算，如四则运算、求平方根、求三角函数、四舍五入取整等。与数值运算相关的代码块都在数学抽屉中，块的特征颜色为蓝色，如图4-26所示，其中有些是可扩展块（加法、乘法），有些是多功能块（平方根、三角函数、求余数等）。在本章的代码中，包含了数值的加法运算（累加猜测次数）和取随机整数运算。

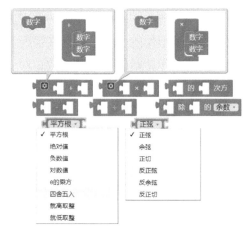

图4-26　与数值运算相关的部分代码块

二．文本类型

文本类型中包含了人类语言文字中的大部分字符，其至还包括了许多物品符号（如☂、☎）。程序对文本类型数据的处理方式是拼接、截取子串、替换其中的某些字符等，块的特征颜色为玫瑰红色，如图4-27所示。文本类代码块中也有可扩展块及多功能块。在本章提交答案按钮的点击事件程序中，多次使用文本类型的值，其中还包括了拼字串操作，如图4-23所示。

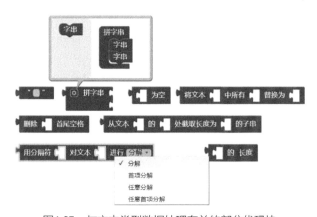

图4-27　与文本类型数据处理有关的部分代码块

三、逻辑类型

逻辑类型中仅包含两个值，即真和假，程序对逻辑类型数据的处理方式是逻辑运算，即并且、或者、非三种运算，就像"加、减、乘、除"被称作数学运算符一样，"并且""或者"和"非"被称作逻辑运算符，与逻辑类型数据处理有关的代码块如图4-28所示，它们的特征颜色为绿色。

两个逻辑值经过这三种运算之后，会得到不同的结果。逻辑运算的规则如下：

图4-28　与逻辑类型数据处理有关的代码块

① 真并且真＝真；

② 真并且假＝假；

③ 真或者真＝真；

④ 真或者假＝真；

⑤ 假或者假＝假；

⑥ 非真＝假；

⑦ 非假＝真。

这里仅举一个简单的例子说明"并且""或者"及"非"运算的规则，现在有三个逻辑值a、b、c，假设它们的值为：

a＝（5＞3）

b＝（5＜10）

c＝（5＞10）

那么a和b的值为真（因为5＞3和5＜10这两件事是真的），c的值为假（因为5＞10这件事不是真的），这时计算a并且b、a并且c、a或者b、a

图4-29　逻辑运算举例

或者c、非a及非c，计算的结果如图4-29所示。图中代码块上问号（？）引出的方框中显示了"Do It Result: true"或"Do It Result: false"，这是运算的测试结果，前者为真，后者为假。

以上简单地介绍了App Inventor中三种基本数据类型，以及每种类型数据的处理方法，这些知识是我们学习后续课程的基础。

第七节 程序的单步执行与代码的注释

一 程序的单步执行

在图4-29中，那些带有插头的代码块，在插头右侧有一个问号标记，从每个问号标记处又延伸出一个小的矩形窗口，里面写着"Do It Result: true"之类的文字，这些标记和文字的含义是什么？它们又是从何而来的呢？

这些标记和文字与程序的调试有关。让我们打开一段代码，如图4-30所示。首先确保AI伴侣处于连接状态，然后用鼠标右键点击图中的随机整数块，此时会出现一个菜单[图4-30（a）]，选择菜单中的最后一项——执行该代码块，菜单会自动关闭，在随机整数块的插头右侧会出现一个问号，并打开了一个矩形窗口，里面写着"Do It Result: 41"[图4-30（b）]，这个结果与图4-29中的结果如出一辙。

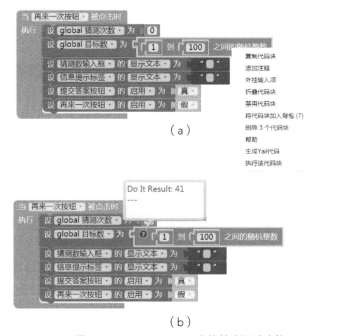

（a）

（b）

图4-30　App Inventor程序的单步调试功能

这是App Inventor为开发者提供的程序调试手段，在连接AI伴侣的情况下，可以查看单个代码块的执行结果，矩形窗口中冒号后面的文字就是程序的执行结果，那么冒号前面的"Do It Result"又作何解释呢？如果将开发工具切换到英文版，你会发现代码块右键菜单的最后一项为"Do It"，汉化版译为"执行该代码块"，Result译作"结果"，因此"Do It Result"可以理解为"单步调试的结果"。这项功能可以帮助开发者跟踪程序运行的中间状态，也便于查找程序中的错误。

二. 代码的注释

图4-30中的问号和矩形窗口体现了App Inventor的另一个功能——代码注释功能。注意观察图4-30（a），在弹出的菜单中第二项为"添加注释"，当选中该项时，可以为代码块添加注释。如图4-31所示，对"设global目标数为"块点击右键，并选择添加注释，此时在代码块的左侧会出现一个问号，点击该问号，会打开一个空白的矩形窗口，可以在窗口中输入文字，对代码块进行注释。

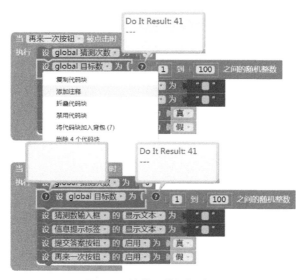

图4-31　为代码块添加注释

为代码块添加注释，是一个程序员的基本素养。注释可以帮助开发者回忆起当初创建代码时的思路，也可以在分享程序时，让其他人理解开发者的思路。

注 意

图中两个注释窗口边框的颜色不同，边框颜色取决于被注释的代码块的颜色。如果想删除某个代码块上的注释，只要对该代码块点击右键，菜单中原来的"添加注释"变为"删除注释"，选择该项即可删除注释。

第八节 ▷ 小结

（1）**布局的基本原则**　按时间顺序，自上而下、从左向右排列组件。

（2）**全局变量**　包括声明变量、为变量赋初始值、读取变量值及设置变量值。

（3）**随机整数**　用来产生随机行为，这是游戏类应用中必不可少的要素。

（4）**多分支条件语句与条件语句的嵌套**　用来处理可能存在的多种可能性。

（5）**三种基本数据类型**　即数值、文本及逻辑类型。

（6）**程序的单步执行与代码的注释**

在上一章"猜数游戏"中，我们利用随机整数块生成一个1～100之间的整数，让用户来猜这个数。本章仍然要利用这个随机整数块，不同的是，这次要生成两个随机整数，用两个数组成一道加法题，让用户来回答，并判定用户的答案是否正确。

第一节 功能描述

一 术语

（1）**测验**　本章所指的测验是指在给定时间内持续出题、答题的过程（限时间、不限题数）。

（2）**测验成绩**　即完成一次测验后所得的分数。

（3）**最好成绩**　即应用启动后，多次测验的最高得分（应用启动时最高得分为零）。

二 功能描述

应用将实现以下7项功能。

（1）**限定测验时间**　每次测验3分钟（180秒）。

（2）**设定测验难度**　分为三个等级，即一位数加法、20以内加法及100以内加法。

（3）**出题**　按照用户选定的难度等级自动生成题目，并显示在用户界面上。

（4）**答题**　用户输入答案，并提交答案。

（5）**判题**　用户提交答案后，告知用户答案是否正确。

（6）**统计**　统计总答题数、答对题数，并给出测验成绩及最好成绩。

（7）**完成或再开始**　完成一次测验后，用户可选择再来一次，或退出应用。

第二节 用户界面设计

对照功能描述中的各个条目，分别考虑功能组件及布局组件。

一、功能组件

（1）**计时器**　用于限定测验时间。

（2）**列表选择框**　用于设定测验难度。

（3）**图片**　用于提示用户答案是否正确。

（4）**标签1**　用于显示本次测验的剩余时间。

（5）**标签2**　用于显示总答题数。

（6）**标签3**　用于显示正确答题数。

（7）**标签4**　用于显示题目及用户提交的答案。

（8）**文本输入框**　用于输入答案。

（9）**按钮**　双重功能，用户答题时显示"提交答案"，用户提交答案后显示"下一题"。

（10）**对话框**　在程序运行过程中显示必要的提示信息，在测验结束后，显示测验成绩、最好成绩，并提供两个按钮供用户选择，按钮显示"退出应用"及"再来一次"。

二、组件布局

按照自上而下、自左向右的顺序设置下列布局组件及功能组件。

（1）**水平布局1**　容纳三个标签（剩余时间、总题数、正确数）。

（2）**难度选择框**　用于选择题目难度。

（3）**水平布局2**　容纳水平布局4以及题目标签。

（4）**水平布局4**　用于容纳图片组件，在水平布局2内，位于题目标签左侧。

（5）**水平布局3**　容纳答案输入框及提交按钮。

三. 组件的命名及属性设置

向屏幕中添加组件，为组件命名，并设置组件的属性，如图5-1所示。所有布局组件均显示为一个黑色方框，以便于查看页面组件与布局组件之间的包含关系。

图5-1 添加组件后的设计视图

注意素材区，项目中上传了两张图片文件——right.png和wrong.png，分别用来表示答案正确及错误。这两张图片的宽度、高度均为50像素。

为了便于查看用户界面在手机中的测试效果，设置了每个标签的显示文本，如"剩余时间\n120"。字串中的"\n"是一个控制字符，相当于回车键，起到文本换行的作用，它不会显示在标签上。

注意水平布局4中的图片，设置它宽100像素，高70像素，大于图片的宽和高（50像素），用于调整图片的位置，避免组件之间因距离太近而造成的紧张感。此时"图片1"的图片属性为"right.png"。项目在测试手机中的效果如图5-2（a）所示，当用户点击输入框后，弹出输入键盘，如图5-2（b）所示，下方的键盘不影响用户的输入。组件名称及属性设置见表5-1。

（a）　　　　　　　　（b）

图5-2　测试手机中的用户界面

表5-1　组件名称及属性设置

组件类型	组件名称	属性	属性值
屏幕	Screen1	标题	答题机
水平布局	水平布局1	宽度	充满
		背景颜色	绿色
标签（3个）	剩余时间标签 总题数标签 正确数标签	背景颜色	黄色/橙色/粉色
		宽度	充满
		文本对齐	居中
列表选择框	难度选择框	宽度	充满
		显示文本	选择题目难度
		标题	选择题目难度
水平布局	水平布局2	垂直对齐	居中
		宽度	充满
水平布局	水平布局4	水平对齐、垂直对齐	居中
		高度	70像素
		宽度	100像素
图片	图片1	图片	right.png（临时）

组件类型	组件名称	属性	属性值
标签	题目标签	字号	24
		字体	衬线字体
		宽度	充满
水平布局	水平布局3	宽度	充满
		高度	52像素
		背景颜色	灰色
		垂直对齐	居下
文本输入框	答案输入框	宽度	充满
		文本对齐	居中
		提示	输入答案
		仅限数字	勾选
按钮	提交按钮	宽度	120像素
		显示文本	提交答案
计时器	计时器1	一直计时/启用计时	取消勾选
对话框	对话框1	所有属性	取默认值

这里为水平布局1以及其中的三个标签设置了不同的背景颜色，这样的设置产生了一种意想不到的效果——为标签加上了绿色边框，可以让用户界面显得整齐和稳重。水平布局3也采用了类似的设置。另外，用图片替代文字来提示用户答案是否正确，也可以为应用增添一份趣味。

第三节 编写程序——屏幕初始化

有以下两项任务需要在屏幕初始化时完成。

① 为难度选择框设置备选项；

② 打开选择框供用户选择。

列表选择框组件可以显示若干个数据行，每一行称作一个选项，在使用列表选择框之前，要设置这些备选项。

列表选择框有两个属性用来设置备选项，一个是"逗号分隔字串"属性，它的值是一个字串，不同选项之间以逗号分隔（英文的逗号），如"加法,减法,乘法,除法"，这个字串提供了四个选项。另一个设置备选项的属性是"列表"，这也是本章将要采用的设置方法。

一　什么是列表

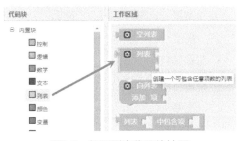

图5-3　打开列表代码块抽屉

打开App Inventor编程视图，打开列表代码块抽屉，从中取出第二个块——列表，如图5-3所示，这是一个可扩展块，其右侧的插槽个数可以无限扩展。插槽中的值可以是数字、文本、逻辑值、颜色，也可以是另一个列表。那么究竟什么是列表呢？

上一章我们介绍了三种基本的数据类型——数值、文本及逻辑值，它们也被称为简单的数据类型，相对而言，列表被称为复杂的数据类型，列表是一组数据，或者说是数据的集合，许多条数据汇聚在一起，按照事先排定的顺序存放，这些数据可以是简单类型的，也可以是复杂类型的，如颜色和列表，其中的每一项数据叫作一个列表项。

在讲到简单数据类型时，我们介绍了不同类型数据的处理方法，它们各不相同，那么如何处理列表类型的数据呢？列表类型数据的基本处理方法可以归结为四个字——增、删、改、查。

（1）增　向列表中添加列表项。

（2）删　删除列表中的项。

（3）改　修改现有列表项的值。

（4）查　查找符合条件的列表项，或随机选择列表项。

列表是一个有序的数据集合，每个列表项在列表中的位置叫作该列表项的索引值，增、删、改、查的操作都与索引值有关，因此索引值是列表中非常重要的概念。

另一个描述列表特征的量是列表的长度，即列表中包含列表项的个数。

列表是编程语言中非常重要的数据类型，几乎所有复杂的应用都离不开列表，在后续的章节中，将做详细介绍。现在的任务是创建一个列表——难度列表，其中包含3个文本类型的列表项，它们是"一位数加法""20以内加法"以及"100以内加法"。

声明一个全局变量——难度列表，将创建好的列表保存到变量中，

图5-4　用全局变量保存难度列表

代码如图5-4所示。

二. 设置难度选择框

① 打开Screen1代码块抽屉，取出屏幕初始化事件块。

② 打开难度选择框抽屉，取出深绿色的"设难度选择框的列表为"块（简称列表设置块）。

③ 将列表设置块放在初始化事件块中。

④ 将鼠标悬停在全局变量难度列表上，取出变量值，填充到列表设置块右侧。

⑤ 打开"难度选择框"的代码块抽屉，从中取出唯一的一个紫色块——"打开框"，将其放在列表设置块下方。

完成上述操作后的代码如图5-5所示，在开发工具中连接AI伴侣进行测试，测试效果如图5-6所示。

图5-5　设置难度选择框的列表属性并打开选框　　　图5-6　连接AI伴侣的测试

第四节 ▷ 编写程序——选中列表项

想象一下，用户打开应用后，看到的是图5-6中的难度列表。当用户选中某一项后，难度选择框关闭，开始进入测验状态，这时，有下列任务需要完成。

① 启动计时器，开始计时。

② 初始化全局变量。

③ 初始化组件状态。

④ 出题：应用给出第一道题，并显示在屏幕上。

一. 初始化全局变量

声明全局变量，并为变量赋初始值。

（1）剩余时间　初始值为180（秒）。

（2）**总题数** 初始值为0。

（3）**正确数** 初始值为0。

图5-7 声明全局变量并设置初始值

（4）**最大随机数** 初始值为0（选择难度后，其值分别为9、19、99）；

（5）**被加数、加数** 两个参与加法运算的随机整数，设它们的初始值为0。

声明全局变量的代码如图5-7所示。

二. 初始化组件状态

（1）**剩余时间标签** 显示文本为"剩余时间\n" + 全局变量剩余时间。

（2）**总题数标签** 显示文本为"总题数\n" + 全局变量总题数。

（3）**正确数标签** 显示文本为"正确数\n" + 全局变量正确数。

（4）**题目标签** 显示文本为全局变量被加数"＋"全局变量加数"＝?"。

（5）**图片1** 图片属性为空。

在下文中"难度选择框"的完成事件中实现上述设置。

三. 出题

上述4项任务的难点在于出题，出题的难点在于获取加数与被加数的值，而这两个值取决于随机整数的最大值，也就是用户选择的题目难度，因此首先要捕捉到用户的选择。

1. 获取用户的选择

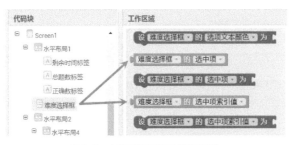

图5-8 与用户选择有关的属性

对列表选择框组件而言，有两个属性与用户的选择有关——"选中项"及"选中项索引值"，如图5-8所示。"选中项"的值是文本类型，等于所选项的字面内容，例如，当用户选择"20以内加法"时，选中项的值也是"20以内加法"。"选中项索引值"的值是数字，表示选中项在备选列表中的位置，例如，当选中"20以内加法"时，选中项索引值为2。我们将使用"选中项索引值"属性来获取用户的选择，并进而确定随机整数的最大值。

2. 记录用户的选择

一旦选定了难度，在整个测验过程中，每次出题都会用到随机整数的最大值，因此为了方便起见，设置了全局变量"最大随机数"，将用户的选择结果保存在该变量中。

3. 处理用户的选择

打开"难度选择框"的代码块抽屉，在黄色的事件块中，第一项就是完成选择事件，如图5-9所示。顾名思义，该事件发生在用户选中了某个难度之后，我们将在这个事件中完成上述任务。

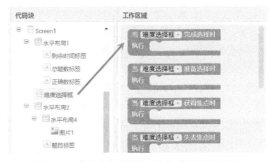

图5-9 "难度选择框"的完成选择事件块

在"难度选择框"的完成选择事件中，首先启动计时器，然后使用多分支的条件语句来设置最大随机数的值，并完成对其他变量及组件的初始化，完成之后的代码如图5-10所示。

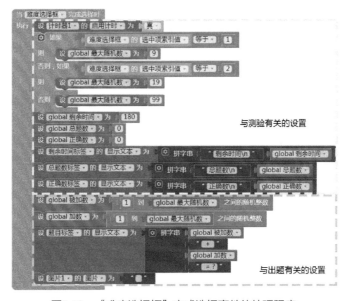

图5-10 "难度选择框"完成选择事件的处理程序

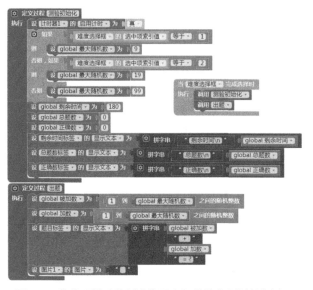

图5-11 将代码按功能划分为两个部分并分别封装为过程

将上述代码划分为两组，上面（黄线围绕）的一组代码与测验有关，下面（绿线围绕）的一组代码与出题有关。当某段程序中的代码过多时，就要考虑将功能相关的代码封装为过程，上面对代码进行分组，正是为创建过程做准备。

创建两个过程——测验初始化、出题，将上述两组代码分别封装为过程，并在难度选择框的完成选择事件中调用两个过程，整理后的代码如图5-11所示。

这里不得不再次强调命名的重要性，上面的两个过程分别命名为"测验初始化"及"出题"，这两个名称符合过程中代码的功能。

4. 小技巧：改变代码块的显示方式

图5-12 改变代码块的显示方式

在测验初始化过程里的三个拼字串块，参与拼接的子串沿横向排列，而出题过程里的拼字串块中，子串则沿纵向排列，这是块语言特有的代码显示方式。App Inventor中称代码块右侧的插槽为"输入项"，输入项沿水平方向排列时称"内嵌输入项"，沿垂直方向排列时称"外挂输入项"，两种排列方式的转换方法如图5-12所示，对代码块点击右键，即可打开快捷菜单，实现排列方式的转换。

第五节 ▷ 编写程序——答题

想象一下用户面对的场景——用户选择了难度之后，难度选择框关闭，一道题呈现在屏幕上，他所要做的就是输入答案，并点击"提交答案"按钮，这时，程序应该给出反馈，提示用户刚刚提交的答案是否正确，同时准备出下一题。

程序首先应该检查提交按钮上的文字，如果是"提交答案"，则执行答题程序；如果是"下一题"，则执行出题程序。下面我们先来编写答题程序。

一、答题

在答题程序里，首先检查用户是否输入了数字，如果答案输入框的显示文本为空，则提醒用户输入答案（这时要用到对话框组件），否则，执行以下操作。

① 显示完整的题目，即"被加数＋加数＝答案"。

② 更新全局变量总题数，并更新总题数标签。

③ 判断答案是否正确，如果答案正确：

a. 显示图片right.png；

b. 更新全局变量正确数；

c. 更新正确数标签。

④ 如果答案错误，则显示图片wrong.png。

⑤ 清空答案输入框。

⑥ 将提交按钮的显示文本改为"下一题"。

实现上述功能的代码如图5-13所示。

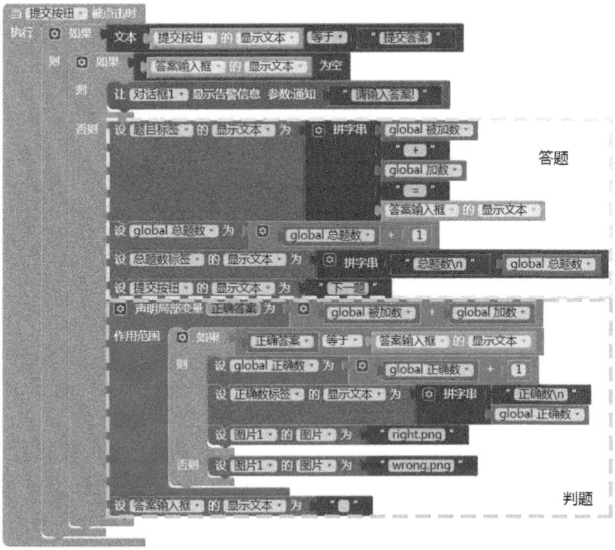

图5-13　在当提交按钮被点击时事件中实现答题功能

在图5-13中有一个"声明局部变量（正确答案）为"块，它的创建方法如下。

① 从变量代码块抽屉中取出倒数第二个块——"声明局部变量"块；

② 将"我的变量"改为"正确答案"。

这是一个半包围结构的块，只有包含在此结构内的代码可以读取或改写局部变量"正确答案"的值，这也正是"局部"的意义。

图5-13中标出了两部分代码的功能，目的是要将它们封装为过程，过程名称就是"答题"及"判题"，整理后的代码如图5-14所示。

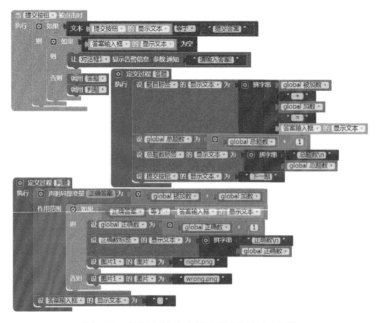

图5-14　将具有独立功能的代码封装为过程

注意

清空答案输入框的操作一定要放在答题、判题完成之后，否则，程序将无从获得用户提交的答案。

二、出下一题

当用户点击"下一题"时，出下一题，并将"提交按钮"上的文本改为"提交答案"。在"提交按钮"的点击事件中，为外层条件语句添加"否则"分支，并在"否则"分支中调用出题过程，修改后的代码如图5-15所示。

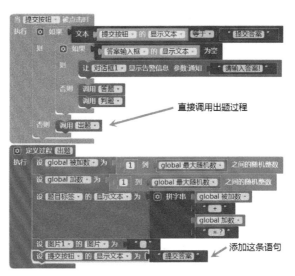

直接调用出题过程

添加这条语句

图5-15 实现了出下一题的功能

注意

在出题过程的最后一行添加代码，将提交按钮上的文字改为"提交答案"。

程序的测试结果如图5-16所示。

图5-16 程序的测试结果

第六节 编写程序——限制答题时间

从图5-16的测试结果中可以看出，应用已经实现了大部分的功能，尚未实现的功能包括计时、判分、再来一次以及退出应用，本节解决计时功能。

计时功能包含以下两项任务。

① 显示剩余时间。

② 当剩余时间＝0时：

a. 结束测验，给出本次测验得分；

b. 弹出对话框，显示"退出应用"及"再来一次"按钮。

一 显示剩余时间

1. 计时器简介

计时器是一个特别有用的组件，尤其在游戏类应用中，计时器是必不可少的。本章所讲解的出题机，虽然是一款辅助学习类应用，但是在制作手法上，与游戏类应用如出一辙。

计时器组件有两大功能，一是计时，二是生成日期时间信息，本章只利用它的计时功能。计时器组件只有三个属性：一直计时、启用计时及计时间隔。这三个属性都与计时功能有关。

（1）一直计时 为逻辑值，当值为真时，即便屏幕关闭，或应用不显示在屏幕上，计时依然进行。

（2）启用计时 为逻辑值，当值为真时，打开计时功能，当值为假时，关闭计时功能。

（3）计时间隔 当启用计时属性为真时，计时器就像心脏一样持续稳定地"跳动"，计时间隔就是两次"心跳"之间的时间间隔，单位为毫秒（1秒＝1000毫秒）。

当计时器处于启用状态时，每次"心跳"都会触发一次计时事件，因此，那些需要随时间而改变的变量和组件属性，都要在计时事件中加以设置。

2. 显示剩余时间

图5-17 让剩余时间递减并更新剩余时间标签

打开计时器的代码块抽屉，第一个块就是计时事件块，取出这个块，在计时事件中让全局变量剩余时间递减，并更新剩余时间标签，代码如图5-17所示。此处读者可以自己连接AI伴侣进行测试，观察剩余时间标签的变化。

二. 结束测验

当剩余时间递减到0时，测验结束，此时需要完成以下操作。

① 让计时器停止计时；

② 计算最终的测验成绩；

③ 弹出对话框，显示本次成绩以及最好成绩；

④ 在对话框中显示"退出应用"及"再来一次"按钮。

1. 计分规则简介

在游戏类应用中，游戏得分通常由两部分组成——基础分及奖励分。以本应用为例，假设大部分答题者在180秒内都能完成20道题，那么在20题以内，答对一题得10分（基础分），在20题以上，答对一题得15分（多出的5分为奖励分）。当然，还可以设计出更具挑战性的规则，例如提高获得奖励分的题数，或者提高奖励分，或者设置更多的奖励等级，如30题以上答对一题得50分等。计分规则可以增加游戏的竞技性，是吸引使用者的重要手段。

出题机应用简单的计分规则，正如上面所说，以20题为界，20题以内（含20题）答对一题得10分，20题以上答对一题得15分。

2. 计算得分

这里需要再次使用局部变量块，将其命名为"得分"。利用数学块计算得分的值，代码如图5-18所示。

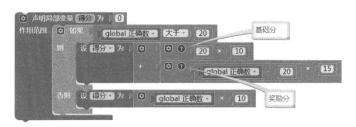

图5-18 声明局部变量"得分"并为变量赋值

3. 结束测验

首先声明一个全局变量——最好成绩，设其初始值为0，然后在计时事件中完成预先设计的功能，代码如图5-19所示。

上述代码的测试结果如图5-20所示。

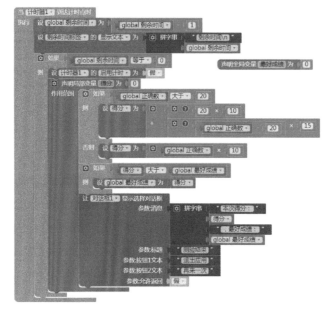

图5-19　功能完整的计时程序　　　　图5-20　计时程序的测试结果

第七节 > 退出应用与再来一次

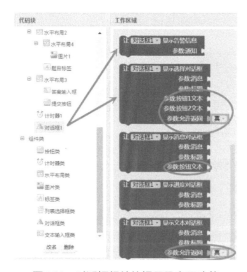

图5-21　对话框组件的提示及交互功能

一 对话框组件简介

　　对话框组件的主要功能是弹出消息窗口，这个窗口可以是短暂的闪现，也可以是一个固定的、可交互的窗口。本章在两处使用了对话框的消息提示功能，如图5-14及图5-19所示，前者具有闪现消息功能，后者具有可交互功能。如图5-21所示，这些紫色的功能块都具有信息提示功能，本章使用了图中的前两个块。图中标有橙色椭圆的三个块可以打开一个固定的窗口，其中均包含按钮，有兴趣的读者可以尝试使用它们，并找出这些按钮之间的区别。

图5-22 对话框的完成选择事件与完成输入事件块

对话框组件的交互功能依赖于两个事件：完成选择事件与完成输入事件，如图5-22所示。本章使用的"显示选择对话框"块，当用户点击其中的按钮时，将触发完成选择事件。图5-21中的最后一个紫色块"显示文本对话框"块，允许用户在对话框中输入信息，当点击对话框中的按钮时，将触发完成输入事件。

注意观察两个事件块，它们各自携带一个参数——选择结果、输入结果，其中的选择结果来自选中按钮上的文字，它可以帮助开发者捕捉用户的选择；输入结果来自用户在对话框中输入的信息。这两个参数非常重要，是编写事件处理程序的依据。之后我们将利用完成选择事件完成本章的最后两项功能——退出应用与再来一次。

二、 退出应用与再来一次

了解了对话框组件的基本功能，下面来处理对话框的完成选择事件，代码如图5-23所示，其中的"退出程序"块来自内置块的控制类代码块。

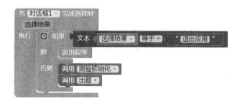

图5-23 对话框的完成选择事件处理程序

读者可以自行测试这段代码，不过退出程序功能的测试无法在AI伴侣中完成，必须将项目编译成APK文件，安装到手机上，退出功能才能生效。

第八节 小结

本章内容丰富，小结难以覆盖全部内容，以下为重要的内容。

（1）列表

① 创建列表。

② 列表的基本操作：增、删、改、查。

③ 列表项索引值。

（2）列表选择框

① 列表属性。

② 选中项索引值属性。

③ 完成选择事件。

（3）计时器

① 一直计时

② 启用计时。

③ 计时间隔。

（4）对话框

① 显示警告信息。

② 显示选择对话框。

③ 完成选择事件。

（5）关于过程

① 当一段程序中代码过多时，按功能的相关性将部分代码封装为过程，可以改善代码的结构，提高代码的可读性及代码的复用性。

② 过程的命名：本章所涉及的过程，通常以动宾词组命名。良好的命名可以提高代码的可读性，有助于开发者理清思路，提高开发效率。

06 > 九九表

九九表也称乘法口诀表，是每个小学生必须熟记的口诀，本章关注的不是口诀的内容，而是如何用程序将口诀中的数字及符号排列在手机屏幕上，如图6-1所示。

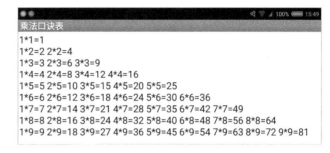

图6-1　在手机屏幕上显示乘法口诀表

第一节 > 用户界面设计

这个应用的用户界面非常简单，屏幕上只有一个标签组件，所有数字和符号都将显示在这个标签组件上。

进入App Inventor开发环境，创建一个新项目——九九表，设屏幕的标题为"九九表"，设屏幕方向为"横屏"。向项目中添加一个标签组件，设它的宽度、高度均为"充满"，如图6-2所示，这样就完成了用户界面的设计。

图6-2　九九表项目的用户界面

第二节 ▷ 编程语言初步

在前几章中，我们已经在不知不觉中使用了许多编程语言，就像孩提时代的我们，在识字之前就已经会说话了。在对编程语言有了一点感性认识之后，现在，我们来正式地介绍一些编程语言中的基本概念，以便为进一步的学习奠定基础。

对于本章将要讨论的九九表，依据前几章的经验，其实可以想到一种非常简单的方法，那就是拼字串，就像下面这样。

"1*1 = 1\n1*2 = 2 2*2 = 4\n1*3 = 3 2*3 = 6 3*3 = 9\n……\n1*9 = 9…"

上面字串中除了数字、星号（表示乘号）及等号外，还有空格和换行符"\n"。将上述字串原封不动地复制粘贴到文本代码块中，并在屏幕初始化时，"设标签1"的"显示文本"为该字串，然后启动手机AI伴侣进行测试，代码及测试结果如图6-3所示。

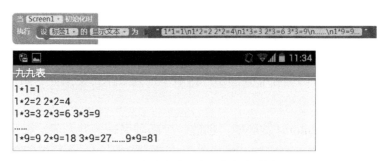

图6-3 拼字串就可实现九九表的排列

如果我们仅仅满足于字符在屏幕上的排列，那么本章到此就可以结束了。不过我们的目标并不只是将字符显示出来，而是借助这个例子，引入一个新的语言要素——循环语句，那么什么是语言要素呢？App Inventor中都有哪些语言要素呢？循环语句又如何使用呢？

一 语言要素简介

在自然语言中，语言要素有字、词、词组、句、段、篇等不同的等级，其中字是最基本的语言要素，字构成词，词构成词组，词与词组构成句，句构成段，段构成篇，此外，还要有标点符号来联结这些语言要素。同样，在App Inventor使用的块语言中也有不同等级的语言要素，它们是常量、变量、运算符、表达

式、语句、过程与调用过程以及事件处理程序等。我们利用上一章的部分代码来
讲解这些基本的语言要素，如图6-4所示。

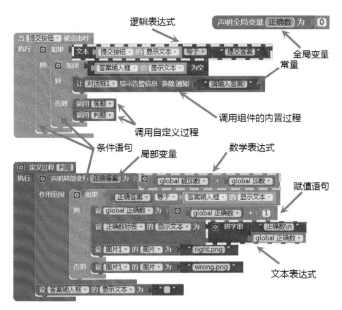

图6-4　App Inventor中的语言要素

1. 常量

　　常量指的是在程序运行过程中保持不变
的量。按照数据类型划分，有数值常量，如
图6-4所示的0和1；有字符串常量，如图6-4所
示的"wrong.png""请输入答案！"等；还
有逻辑类型常量，如真、假。App Inventor中
的常量由三个块生成，如图6-5所示。

图6-5　用来生成常量的块

2. 变量

　　变量用来临时保存一些可变的数据，应用从开始启动到退出之前，变量一直
保存在手机的内存中，一旦退出应用，变量的值将不复存在。当应用再次启动
时，变量又被重新赋予初始值。

　　变量包括全局变量与局部变量，它们的区别在于作用范围不同。全局变量在
整个屏幕（如Screen1）范围内可见，如图6-4所示的"正确数"；局部变量在它

所包围的范围内可见，如图6-4所示的"正确答案"。所谓可见，就是可以读取或者改写变量的值。

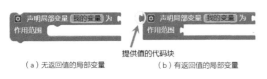

（a）无返回值的局部变量　　（b）有返回值的局部变量

图6-6　两种类型的局部变量

有两种类型的局部变量，如图6-6所示，它们的差别在于是否有返回值。注意观察这两个代码块，图6-6（a）无返回值，图6-6（b）有返回值。所谓有返回值，指的是代码块本身是一个值。凡是左侧带有插头的代码块，表明它可以输出值。观察图6-5中的三个块，它们都可以输出值。

在App Inventor中，有时我们也用变量来保存一些不变的量（常量），如上一章中的全局变量难度列表，它在应用运行过程中保持不变。在其他编程语言中，可以像声明和使用变量一样，声明和使用常量，但App Inventor不具备这项功能。

3. 运算符

在第四章中介绍了三种基本数据类型，同时介绍了与数据类型相关的运算符，它们是：

（1）**数学运算符**　加、减、乘、除、乘方、取整、求余数、三角函数、比较运算符（＞、＜、≥、≤、＝、≠）等。

（2）**文本运算符**　拼字串、截取子串、求字串长度、比较运算符（＞、＝、＜）等。

（3）**逻辑运算符**　比较运算符（＝、≠）、并且、或者、非。

4. 表达式

编程语言中的表达式相当于自然语言中的词组，它们是句子的组成部分，但不能离开句子独立存在。表达式由参与运算的常量、变量以及运算符组成，如图6-4所示。表达式可以按照数据类型分类，如数学表达式、文本表达式及逻辑表达式，这些表达式拥有一个共同的特点——它们都会输出一个值（代码块的左侧有插头）。

5. 语句

在编程语言中，语句有三种类型：赋值语句、条件语句及循环语句，图6-4中包含了前两种类型。以下为语句的三种类型。

（1）**赋值语句**　用于设置变量的值，或设置组件的属性值（思考这句话：组件的属性也是变量）。

（2）**条件语句**　依据预先设定的条件执行某些指令。最简单的条件语句是"如果……则"，条件语句可以扩展为复杂的、多分支的条件语句，也可以嵌套使用，如图6-4所示。

（3）**循环语句**　在符合条件时，反复执行某些指令，实际上，循环语句 = 条件语句 + 赋值语句。

6. 过程与调用过程

过程是一段有名字的代码，名字由开发者设定，名字应该反映这段代码的功能，如图6-4所示的"判题"过程。当项目中的其他程序需要使用这段代码时，只要呼叫它的名字即可，术语称"调用过程"，"调用"译自英文的call，call也可以译为"呼叫"（听起来更生动）。

在App Inventor中有两种类型的过程——有返回值过程和无返回值过程，如图6-7所示。我们可以创建两个过程，将它们命名为"无返回值的过程"和"有返回值的过程"。创建了这两个过程后，在过程的代码块抽屉里，会多出两个代码块，它们是用来调用这两个过程的块。注意观察它们之间的差别。可供调用的无返回值的过程在块的上下有凹陷和凸起，这意味着它与其他代码块之间只能上下连接；有返回值的过程在块的左侧有一个插头，这意味着它将输出一个值，而与其他代码块之间只能左右连接。至于这两种块的功能，无返回值的过程用于改变外部世界，即修改变量的值，修改组件的属性值；有返回值的过程主要用于输出一个值，一般来说它不改变外部世界。但App Inventor中提供了一个块，即图6-7中右下角的那个黄色的"执行……并输出结果"块，它可以用在有返回值的过程里，用来改变外部世界。

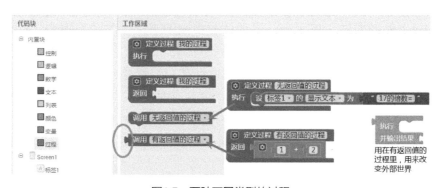

图6-7　两种不同类型的过程

你可能已经观察到，过程块是紫色的，而在App Inventor中，许多组件也都具有紫色的代码块，如图6-4所示对话框组件的"显示告警信息"块，那么它们之间有怎样的关系呢？它们之间的差别在于，隶属于组件的紫色块是由App Inventor开发团队编写的，而过程抽屉中的过程块是由应用开发者编写的，前者叫作"内置过程"，后者叫作"自定义过程"，但它们的功能和使用方法是相同的。

关于过程的另一个知识，就是过程的参数，不过暂时不予涉及，等到后面需要时再做讲解。

从结构上来讲，过程似乎可以与文章的段落相对应，不过在功能上，两者却不尽相同。创建并调用过程的意义有以下三点。

（1）**提高代码的复用性**　一段代码一次编写，可以在多处使用。这提高了开发的效率，尤其是当程序需要修改时，可以避免在多处修改而造成的遗漏。

（2）**改善程序的结构**　当一段程序中包含了太多的代码时，就应该提取其中功能相关的部分，封装为过程，以便于代码的维护。

（3）**提高代码的可读性**　如果过程的命名恰如其分，那么开发者在实现应用的整体功能时，可以忽略过程内部的细节，让开发的思路变得更加清晰和流畅。

7. 事件处理程序

事件是触发应用运转的点火器，是体现应用功能的关键。事件可以分为以下四类。

（1）**计时事件**　由计时器触发的事件。

（2）**用户参与的交互事件**　如点击按钮、晃动手机、拖拽精灵等。

（3）**安卓内部的传感器或精灵组件引发的事件**　如位置传感器的位置改变事件、精灵的碰撞事件等。

（4）**外部事件**　应用与外界通信时引发的事件，如收到短信、收到web（全球广域网）响应等。

在App Inventor中，除了标签、图片及布局组件外，其他组件都具有事件块。针对事件编写的程序称为事件处理程序，有时也简称"程序"，如"按钮点击事件处理程序"简称为"按钮点击程序"。

二. 循环语句

在App Inventor中，有三种不同的循环语句，它们都存放在控制类代码块抽屉中，如图6-8所示。下面针对每一种循环语句，举例说明它们的使用方法。

先引入一个重要的概念——循环变量，如图6-8所示，在针对数字的循环语句块中，"数"被称为循环变量，在针对列表的循环语句中，"项"被称为循环变量，这两个变量的含义有所不同，有待在下面进一步解释。

另一个重要的概念是循环体，它指的是循环语句块所包围的全部代码。

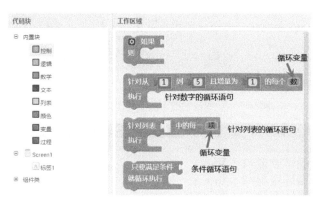

图6-8 三种循环语句

1. 针对数字的循环语句

如图6-9所示，针对数字的循环语句块中有三个输入项（插槽中的数字），这三个输入项分别叫作循环变量的初始值、终止值及增量，循环语句的执行过程与这三个值密切相关。

图6-9 循环语句中各个输入项

当程序执行到循环语句时，要经历如下一些步骤。

（1）为循环变量赋初始值。

（2）检查循环变量的值是否介于初始值与终止值之间。

① 如果检查结果为真：

a. 执行循环体内部的语句；

b. 当循环体执行完毕后，让循环变量以增量的幅度递增；

c. 再次转到第（2）步，执行下一次循环。

② 如果检查结果为假，则跳过循环体，执行循环语句后面的程序。

下面做一个实验，利用循环语句求和（从1加到5），来观察循环语句的执行过程，代码如图6-10所示，实验结果如图6-11所示。

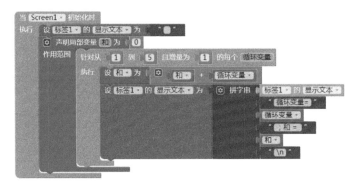

图6-10 观察针对数字的循环语句的执行过程

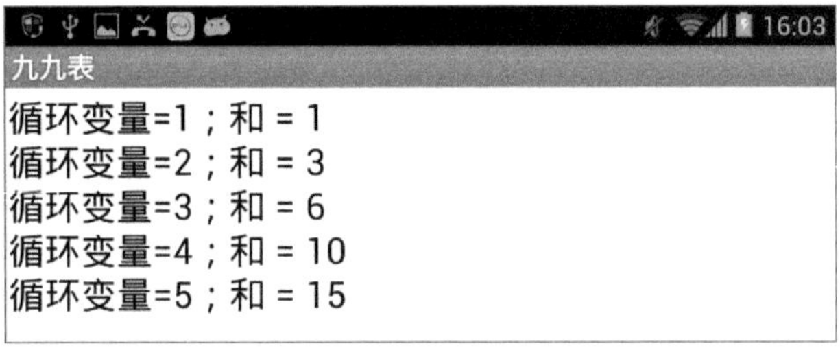

图6-11 循环语句的实验结果

注 意

循环变量可以重新命名。

读者可以将上述实验程序稍加修改，来求1 + 2 + … + 100的和，看看会得到怎样的结果。

2. 针对列表的循环语句

顾名思义，针对列表的循环语句，是针对列表中的每一项，执行循环体内的程序，循环变量"项"指的就是列表中的每一项。依然用实验的方法来理解循环语句的执行过程，代码如图6-12所示，实验结果如图6-13所示。注意这里对循环变量进行了重新命名。

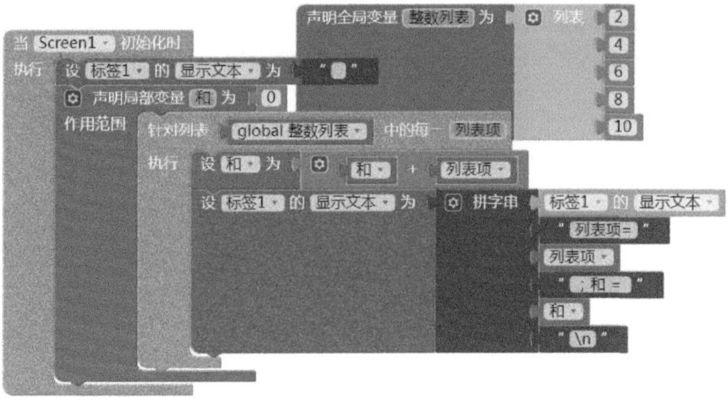

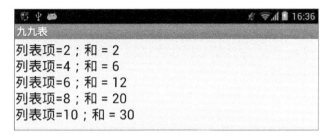

图6-12　观察针对列表的循环语句的执行过程

```
九九表
列表项=2；和 = 2
列表项=4；和 = 6
列表项=6；和 = 12
列表项=8；和 = 20
列表项=10；和 = 30
```

图6-13　针对列表的循环语句实验结果

3. 条件循环语句

　　与前两个循环语句相比，条件循环语句没有循环变量。实际上，条件循环同样需要循环变量，只不过这个变量可以由开发者自己来设定。举例说明，假设求100以内的17的倍数（17、34、51等）。如果使用针对数字的循环语句，循环变量初始值为17，增量为17，但并不确切知道循环变量的终止值，因此考虑使用条件循环语句，代码如图6-14所示，实验结果如图6-15所示。

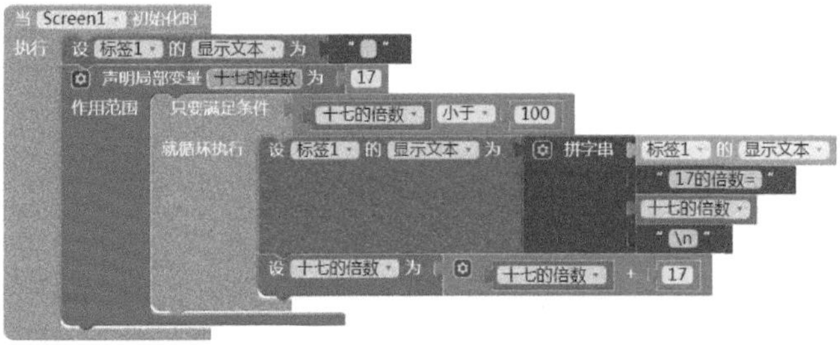

图6-14　求100以内的17的倍数

图6-15　条件循环语句的实验结果

这个例子只是为了说明条件循环语句的用法，其实这个问题完全可以用针对数字的循环来实现，读者不妨自己想想看。

第三节　编写程序——显示九九表

首先，需要分析一下九九表的内容及格式。如图6-16所示，如果把a*b＝n当作一个整体，称作一项，那么第一行包含1项，第9行包含9项，即行号与项数一致。在a*b＝n的乘法算式中，被乘数a与行数无关，而与列数相等；乘数b与列数无关，而与行数相等。即被乘数a＝列数；乘数b＝行数。

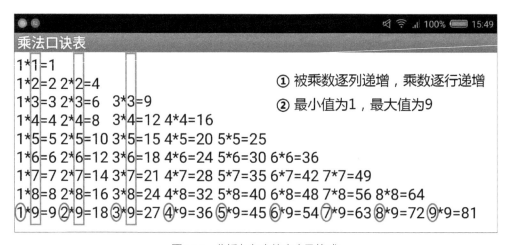

图6-16　分析九九表的内容及格式

一　拼写九九表第9行

有了以上的分析结果，我们来考虑代码的书写顺序。首先来拼写九九表第9行，很自然地你会想到使用针对数字的循环语句。那么循环变量如何命名？循环变量的起始值、终止值及增量又如何设置？循环体如何编写？下面逐个回答上述问题。

（1）**循环变量命名**　在第9行中，逐渐递增的是列数，即被乘数a，因此循环变量命名为"被乘数"。

（2）**循环变量的值**　起始值＝1，终止值＝9，增量＝1。

（3）**循环体——单项字串**　被乘数*9＝乘积＋空格，其中的空格是为了分隔不同的项。

（4）**循环体——逐项拼接**　在循环体之外声明一个局部变量——九九表字串，在每次循环中，将原有字串与新增的单项字串拼接起来。

下面编写代码，如图6-17所示，实验结果如图6-18所示。

图6-17　拼写第9行内容的代码

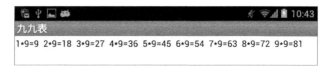

图6-18　拼写第9行的实验结果

二. 拼写全部9行字串

我们已经成功地拼写了第9行，那么如何拼写第8行、第7行，乃至所有的行呢？如何让乘数9也成为变量？看起来需要另一个循环语句，让乘数从1递增到9，乘数每递增1，就输出一行，这个想法是否可行呢？答案是肯定的，但需要发挥一点想象力，即把现有的拼写第9行的代码想象成一行代码。当你这样想时，"过程"这个词会自然地浮现在脑海里。

1. 创建过程——拼写第9行

首先声明一个全局变量——九九表字串，然后创建过程——拼写第9行，在过程里利用循环语句拼接第9行字串，并将拼接结果保存在全局变量"九九表字串"中，最后，在屏幕初始化程序中调用"拼写第9行"过程，并显示结果。改造之后的代码如图6-19所示，这段代码与图6-17中的代码功能完全相同。

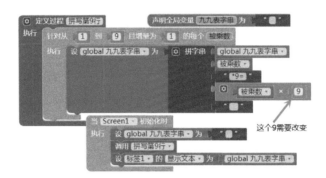

图6-19　将拼写第9行的代码封装为过程

2. 改造"拼写第9行"过程

上述代码中的"拼写第9行"过程只适用于拼写第9行，试想，如果我们把其中的数字"9"替换为数字8，这个过程是否同样有效呢？读者不妨做一个思想试验，用1～8之间的任何一个数字替换9，来推测一下程序的执行结果。我想你一定可以获得一个肯定的答案。

当需要用变量来替换过程中的常量时，最好的办法是为过程添加参数。由于常量"9"表示的是行数，也就是乘数，因此我们将参数命名为"乘数"，同时将过程名称修改为"拼写第乘数行"。参数的具体设置方法见图6-20。过程块是可扩展块，扩展的目的就是为过程添加参数（可以添加多个参数），参数即变量，在调用过程时要为参数赋予具体的值。

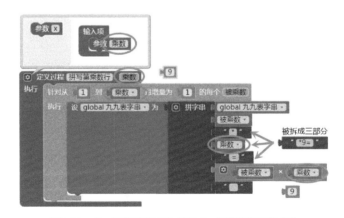

图6-20　将"拼写第9行"修改为"拼写第乘数行"

注意

在"拼写第乘数行"过程里,所有的"9"都被替换成参数"乘数"。

3. 拼写全部9行字串

在"拼写第乘数行"过程之外再包围一层针对数字的循环语句,循环变量命名为"乘数","乘数"也是"拼写第乘数行"过程的参数。代码如图6-21所示。

对上述代码进行实验,结果如图6-22所示。

图6-21 用循环语句包围"拼写第乘数行"过程

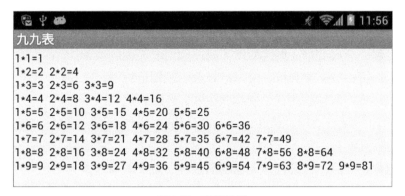

图6-22 实验结果

至此我们已经达成了目标,拼写出一个三角形的九九表,在这个过程中,我们体会了循环语句的魅力,也见识了为过程添加参数的威力,最后,我们再将"拼写第乘数行"过程还原为具体的代码,认识一下什么是循环语句的嵌套,代码如图6-23所示。

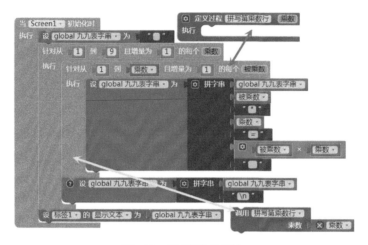

图6-23　循环语句的嵌套

第四节 ▶ 小结

本章以显示九九表为例，介绍了编程语言中非常重要的语句——循环语句，同时还介绍了编程语言中的基本要素，这个小小的例子承载了许多重要的知识，现总结如下。

（1）编程语言中的基本要素

① 常量：数值常量、文本常量、逻辑常量。

② 变量：全局变量、局部变量（有返回值、无返回值）。

③ 运算符：数学运算符、文本运算符、逻辑运算符。

④ 表达式：数学表达式、文本表达式、逻辑表达式。

⑤ 语句：赋值语句、条件语句、循环语句（针对数字的循环、针对列表的循环、条件循环）。

⑥ 过程：有返回值过程、无返回值过程、过程的参数。

⑦ 事件处理程序：为事件编写的程序，事件包括计时事件、用户交互事件、传感器事件、外部通信事件等类型。

（2）循环语句

① 针对数字的循环：循环变量，循环变量的初始值、终止值，增量，循环体。

② 针对列表的循环：循环变量＝列表项。

③ 条件循环：由开发者自行设置循环变量。

④ 循环语句可以嵌套使用。

一架玩具钢琴，就足以唤起一个孩子对音乐的好奇与想象，尽管只有简单的十几个键，还是能够弹奏出许多的曲子。如今，有了计算机，多媒体技术随处可见，自己做一个乐器，就像拼搭积木一样容易。本章我们要实现一个九键琴，它有钢琴的音质，包含9个键，对应从低到高的九个音符，让我们马上开始吧!

第一节 用户界面设计

在浏览器中打开App Inventor开发环境，创建一个新项目，命名为"九键琴"，向应用中添加3个水平布局组件，向每个水平布局组件中添加3个按钮，在屏幕底部再添加一个按钮，最后，从组件面板的多媒体分组中找到音效播放器组件，并添加到项目中，页面的布局如图7-1所示，组件的命名及属性设置见表7-1。

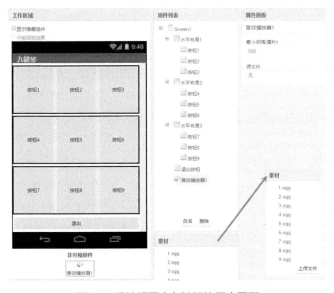

图7-1 设计视图中九键琴的用户界面

表7-1　组件的命名及属性设置

组件类别	组件名称	属性	属性值
屏幕	Screen1	标题	九键琴
水平布局（3个）	水平布局1～3	宽度、高度	充满
按钮（9个）	按钮1～9	宽度、高度	充满
按钮	退出按钮	宽度	充满
		显示文本	退出
音效播放器	音效播放器1	默认设置	

项目中还上传了9个音频文件，文件名分别为"1.ogg"～"9.ogg"，对应于从低到高的9个音阶。

第二节　编写程序——屏幕初始化

在设计用户界面时，我们设置9个按钮组件的宽、高为充满，但并未设置按钮的显示文本属性。当项目中包含了许多同种类型的组件时，要逐个设置它们的属性，是一件既烦琐又乏味的事情，因此，本章尝试用程序来批量设置组件的属性，以提高我们的工作效率。

组件列表

在上一章中讲到了循环语句，其中针对列表的循环，可以对列表中的项逐一加以处理，那么是否可以将9个按钮放在列表中，然后用循环语句对它们加以处理呢？答案是肯定的。那么如何才能把按钮组件放到列表中呢？

1. 组件对象

在编程视图中，打开任意一个按钮组件的代码块抽屉，找到最后一个块，如图7-2所示，你会发现，这是一个浅绿色的块，左边带有插头，这意味着这个块会

图7-2　组件代码块抽屉中的最后一个块

输出一个值，那么这个值是什么呢?

图7-2中的"按钮9"块代表按钮9本身，可以把它的值理解为列表，其中包含了按钮9的全部属性（属性名称及属性值）。App Inventor中的每一个组件，都有这样一个代表组件本身的块，这个块被称作"组件对象"。

2. 设置、读取组件对象的属性

虽然可以把组件对象的值理解为列表，但却无法用访问列表项的方式，读取或设置组件对象的属性值。App Inventor提供了一组"组件类"代码块，专门用于读取或设置组件对象的属性值，如图7-3所示。

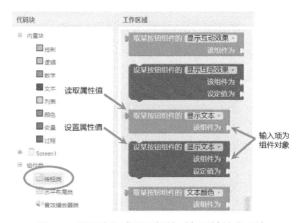

图7-3　用于读取或设置组件对象属性的代码块

以按钮9为例，要想读取或设置按钮9的显示文本属性，可以使用图7-4中的方法。

图7-4（a）两个块都可以读取到按钮9的显示文本属性，同样，右侧的两个块都可以设置按钮9的显示文本属性，不同的是，组件类块（上面的两个块）可以将按钮9替换为任意的按钮，而组件块（下面的两个块）只对按钮9有效。

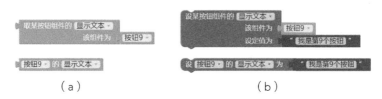

（a）　　　　　　　　　　　　　（b）

图7-4　两种读取或设置按钮属性值的方法

1. 创建组件列表

有了组件对象及组件类代码块这两个"秘密武器"之后，我们很自然地会想到列表和循环：将按钮对象放在列表中，在循环语句中遍历列表中的每一个按钮，并利用组件类代码块来设置每个按钮的属性。这个思路堪称完美！

首先声明一个全局变量——按钮列表，设其初始值为空列表，然后在屏幕初始化时，为按钮列表添加列表项，列表项分别为按钮1～9的组件对象，代码如图7-5所示。

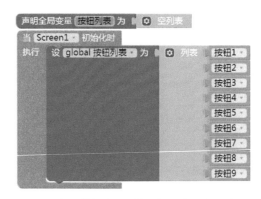

图7-5　在屏幕初始化时为按钮列表添加列表项

为什么不能在声明全局变量时直接设置按钮列表的列表项呢？直接设置会怎样呢？看一下图7-6中的结果，图中的按钮组件上显示了红色叉号，说明这样的代码书写方式是错误的，为什么会这样呢？

图7-6　在声明全局变量的同时添加列表项

这要从屏幕初始化事件说起。在App Inventor中，屏幕初始化事件发生在一个特定的时间点上，此时项目中的全部组件已经创建完成，但组件的属性尚未设置完成，也就是说，当我们试图在声明全局变量的同时，为变量赋初始值时，按钮对象中的各个属性的值还无法确定，因此，在App Inventor中，禁止将组件对象作为初始值直接赋值给全局变量。

2. 批量设置按钮的属性

现在是循环语句闪亮登场的时刻！需要设置的按钮属性包括：

（1）**显示文本**　改为数字1~9。

（2）**字号**　36。

（3）**背景颜色**　随机颜色。

代码如图7-7所示，代码中包含了两个循环语句。在针对列表的循环语句中，设置了与按钮顺序无关的属性——背景颜色与字号，在针对数字的循环语句中，设置了与按钮顺序有关的属性——显示文本。读者可以发挥自己的想象力，为按钮设置更多的属性，只要在循环语句中添加组件类设置块即可。

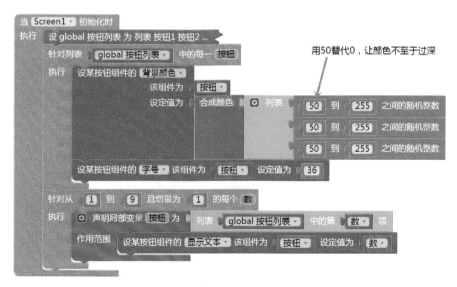

图7-7　批量设置按钮的属性

在图7-7中，为了节省版面空间，将设置按钮列表的块折叠起来，折叠的方法是，在代码块上点击右键，并在快捷菜单中选择"折叠代码块"，如图7-8所示。同样，在已经折叠的代码块上点击右键，并点击菜单中的"展开代码块"，可以展开代码块。

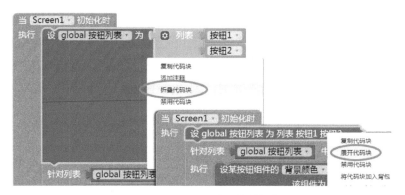

图7-8 折叠及展开代码块的操作

上述代码的测试结果如图7-9所示。

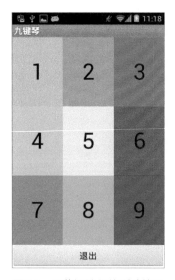

图7-9 屏幕初始化的测试结果

以上我们完成了屏幕初始化的任务，下面来处理全部按钮的点击事件。

第三节 编写程序——处理按钮点击事件

要实现的目标是：

（1）当用户点击按钮1～9时，让音效播放器播放对应的声音，并改变被点击按钮的背景色；

（2）当用户点击"退出"按钮时，退出应用。

为按钮1编写事件处理程序

已经上传到项目中的声音文件，它们的文件名是经过特殊设计的，从"1.ogg" ~ "9.ogg"音调逐渐升高，这些声音文件的文件名分别与按钮1 ~ 9的显示文本相对应。因此，当用户点击按钮1时，播放声音"1.ogg"，代码如图7-10所示。

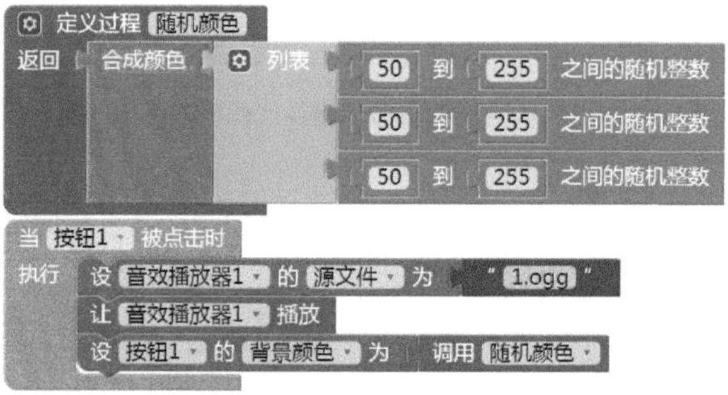

图7-10　创建随机颜色过程并编写按钮1的点击事件处理程序

在点击按钮1时，要随机改变按钮1的背景颜色，就像在屏幕初始化程序中一样，因此也要使用生成随机颜色的代码块，为了避免程序中出现重复的代码，将这部分代码封装为过程，取名为"随机颜色"。这是一个有返回值的过程，可以与设置背景颜色块左右连接。别忘了将屏幕初始化程序中的相关代码替换为随机颜色过程，如图7-11所示（折叠了无关的代码）。

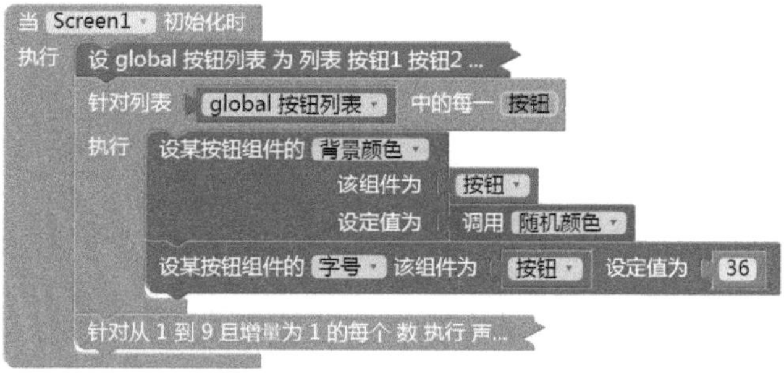

图7-11　在屏幕初始化程序中调用随机颜色过程

二、定义点击按钮过程

注意观察按钮1点击程序中的三行代码，可以将其中按钮1的组件代码改造为组件类代码，改造之后的代码如图7-12所示。

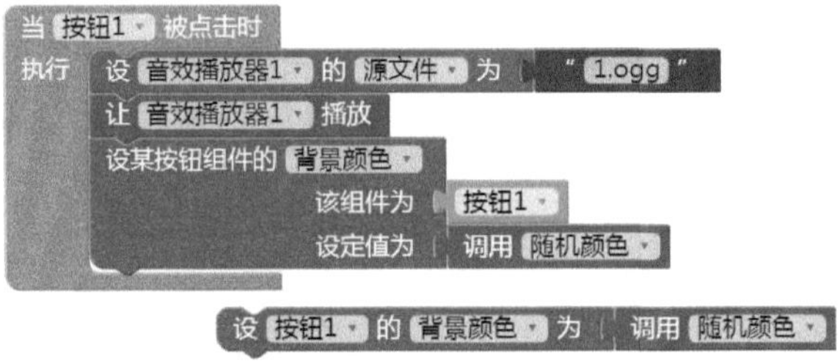

图7-12　将按钮1点击事件中的组件代码替换为组件类代码

改造后的代码很容易封装为带有参数的过程，代码如图7-13所示。

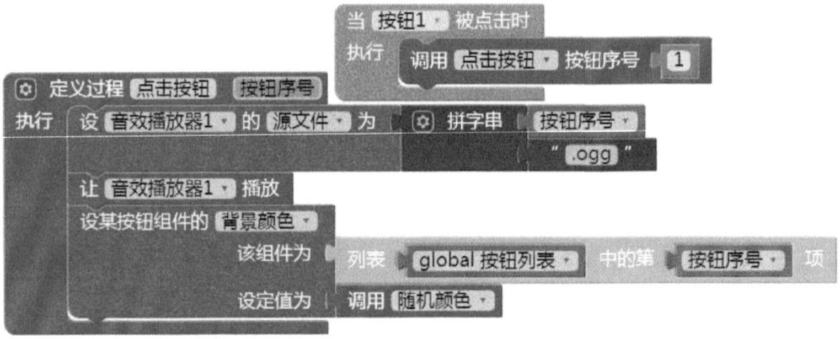

图7-13　创建“点击按钮”过程并在按钮点击事件中调用该过程

“点击按钮”过程的参数命名为“按钮序号”，在调用过程时，只要为过程提供1~9的数字为参数即可。

三、编写其他按钮的点击事件程序

选中按钮1的点击事件程序，按键盘上的“Ctrl + C”键复制该程序，然后再按“Ctrl + V”键八次，这样就有了9个“按钮1”的点击程序，如图7-14所示。

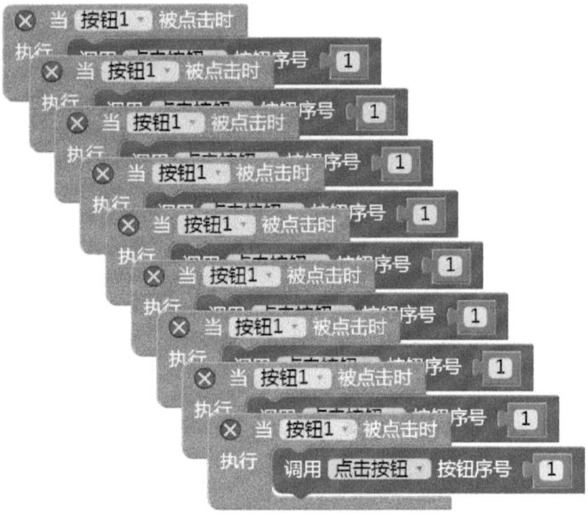

图7-14　复制按钮1的点击程序并粘贴八次

在App Inventor中，在同一个屏幕内，某个组件的某个事件块只能使用一次，也就是说，在当前项目的编程视图工作区内，只能有一个按钮1的点击事件块，因此在图7-14中，所有的点击事件块都被标记上了红色叉号。下面逐一修改这些事件块，修改分为以下两个部分。

（1）点击"按钮1"，点击事件块上"按钮1"右侧的倒三角，从下拉列表中分别选中"按钮2""按钮3"直到"按钮9"；

（2）将调用过程的参数分别改为数字2～9。

修改后的代码如图7-15所示，红色叉号全部消失了。

图7-15　全部按钮的点击事件（退出按钮除外）

最后一项任务是编写退出按钮的点击程序，代码如图 7-16所示。

图7-16　退出程序

至此我们已经实现了九键琴项目的全部功能，由于无 法在纸上演奏音符，因此测试的任务留给读者自己去完成。

第四节　小结

本章引入了组件对象的概念，并介绍了组件类代码块的使用方法，在此基础 上，利用组件列表及循环语句，实现了批量设置同类组件属性的功能，提高了开 发的效率。下面将重要的概念和要点列举如下：

（1）组件对象。代表组件本身。

（2）组件列表。由组件对象组成的列表。

（3）组件类代码块。用来读取或设置同种类型组件的属性值。

（4）批量设置组件属性。利用组件列表、组件类代码块以及循环语句，可 以批量设置同类组件的属性值。

（5）禁止将组件对象直接赋值给全局变量。

（6）代码块的折叠与展开。

（7）一个屏幕内，一个按钮组件只能有一个点击事件处理程序，这个结论 可以扩展到其他任意组件的任何事件。

CHAPTER

08 > 听音练耳

扫一扫，看视频

国际儿童音乐能力的培养和调查表明，3~9岁是儿童进行绝对音高训练的敏感期。这一时期进行一定量的科学系统的训练，一般孩子是完全能够建立绝对音高的感觉的。

听音练耳应用是在九键琴"听音"功能的基础上，添加了"练耳"功能。听音是让耳朵"学习"，练耳是对学习成果的检验，这样可以提高耳朵这个器官的分辨能力，进而打开通往智慧的另一条通路。

第一节 功能描述

按照应用运行的时间顺序，功能描述如下：

（1）应用启动后，默认进入听音状态，用户点击不同的键，应用发出不同的声音。

（2）状态切换。用户可以从听音状态切换到练耳状态，反之亦然。

（3）在切换到练耳状态后，应用首先播放一个测试音，用户辨别音高，并点击对应的键，应用对用户的输入进行判断。

① 如果用户的选择正确，则继续播放下一个测试音，等待用户辨别。

② 如果用户的选择错误，则应用发出一个噪声，提示用户选择错误。

（4）退出应用。用户可以随时选择退出应用。

第二节 用户界面设计

由于有了九键琴的基础，本章不必新建项目。打开九键琴项目，在主功能菜单中选择"项目→另存项目"，将打开另存项目窗口，如图8-1所示，将九键琴项目另存为"听音练耳"。

图8-1　将九键琴项目另存为"听音练耳"

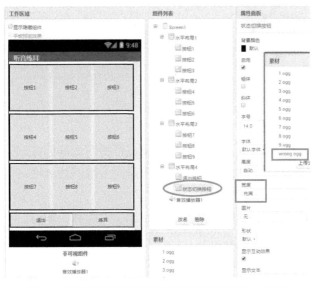

图8-2　经过改造的听音练耳项目在设计视图中的效果

另存成功之后，将进入听音练耳项目的设计视图，在这里要完成以下三项任务。

（1）修改Screen1的两个属性——应用名称及标题，修改为"听音练耳"。

（2）在屏幕底部添加一个水平布局组件——"水平布局4"，设置其宽度为"充满"；将退出按钮移至"水平布局4"中，另外在退出按钮的右侧再添加一个按钮，命名为"状态切换按钮"，设置其宽度为"充满"，显示文本为"练耳"。

（3）上传一个提示错误的音频文件"wrong.ogg"。

修改之后项目的设计视图效果如图8-2所示。

以上完成了设计视图中的任务，下面切换到编程视图，实现应用的功能。

第三节　编写程序——屏幕初始化

在开始编写程序之前，先将第7章九键琴的代码块折叠起来码放整齐，为新程序留出空间，如图8-3所示。在代码块的右键菜单中有"折叠代码块"选项。

图8-3　将已有的代码块折叠起来码放整齐

一 重新设置音阶按钮的背景颜色

为了配合音阶的高低，让音阶按钮的背景颜色随音阶升高而变得明亮，这是考虑从听觉、视觉等多个角度加深对练习者的刺激，以便形成稳定的记忆。

声明一个全局变量——"音阶颜色"，然后定义一个过程——"生成音阶颜色"，代码如图8-4所示。

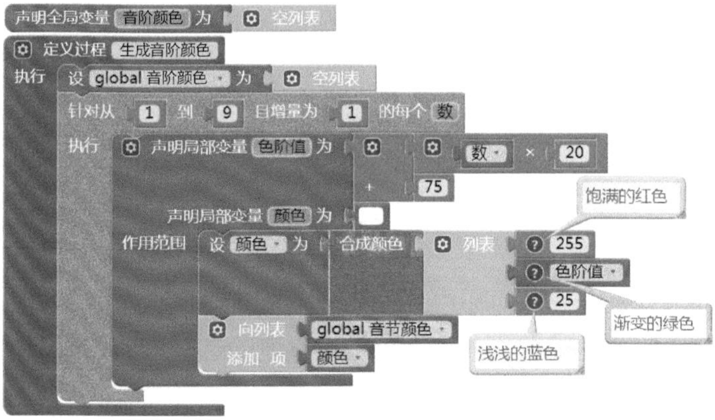

图8-4　生成渐变的颜色列表

在合成颜色块中，红色色阶值始终为255（最大值，即饱和值），绿色值从95渐变到255（增量为20），蓝色值始终为25（接近于0），这样合成出来的颜色将从温暖的橙色渐变到明亮的黄色。将生成的九种渐变色添加到音阶颜色列表中，以便批量地设置9个音阶按钮的背景颜色。

在屏幕初始化程序中，需要完成以下任务。

（1）调用生成音阶颜色过程，为全局变量音阶颜色列表赋值；

（2）在针对数字的循环语句中，添加局部变量"颜色"，设其值为音阶颜色列表中的第"数"项；

（3）将设置按钮背景颜色的块从针对列表的循环语句中移出，移至针对数字的循环语句中；

（4）用局部变量"颜色"（渐变色）替代原来的随机颜色过程。

修改后的代码如图8-5所示，测试效果如图8-6所示。

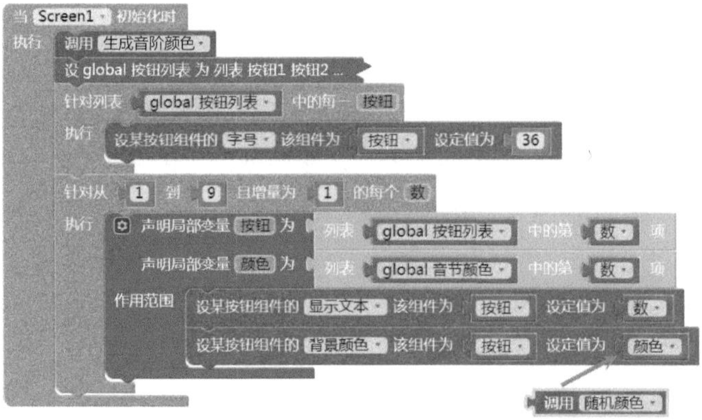

图8-5　用渐变颜色替代随机颜色 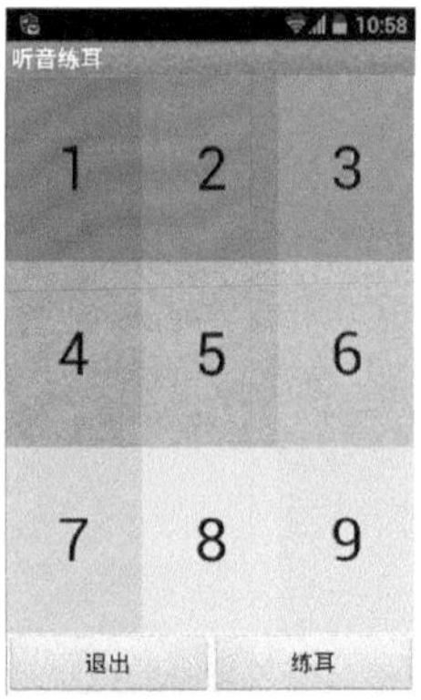　　　　　图8-6　渐变背景颜色的测试效果

二、删除项目中无用的代码

在图8-5中丢出了一个"调用随机颜色"块，在听音练耳应用中，不会再将按钮的背景颜色设置为随机颜色，因此，可以删除这一过程，同时删除点击按钮过程里设置按钮背景颜色的语句，如图8-7所示。

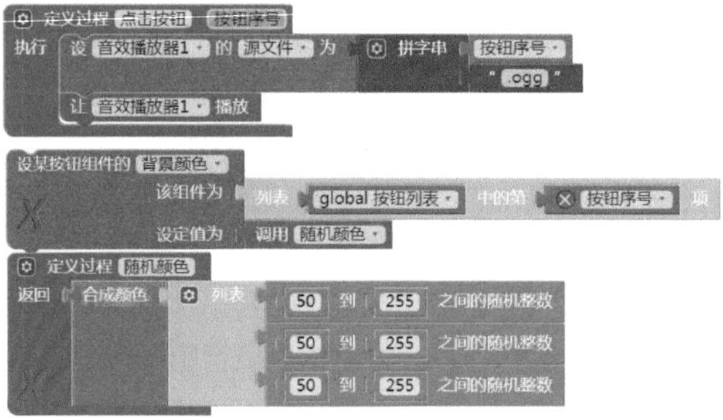

图8-7　删除项目中无用的代码

对修改后的代码进行测试，点击音阶按钮时，只发出声音，而按钮的背景颜色不再改变。

第四节　编写程序——听音与练耳

除了退出按钮外，应用中的其他按钮都具有双重功能，或者说两种状态。

（1）状态切换按钮

① 当应用处于听音状态时，按钮的显示文本为"练耳"，此时点击按钮，显示文本改为"听音"，应用切换到练耳状态，并播放第一个测试音；

② 当应用处于练耳状态时，按钮显示文本为"听音"，此时点击按钮，显示文本改为"练耳"，应用切换到听音状态。

（2）音节按钮

① 在听音状态下点击按钮时，应用发出与按钮序号相对应的声音。

② 在练耳状态下点击按钮时：

a. 如果用户选中了正确的音高，则播放下一个测试音；

b. 如果用户选择了错误的音高，则播放错误提示音。

一 状态切换

在"状态切换按钮"的点击事件中完成应用状态的切换。首先声明一个全局变量——"测试音"，用来保存切换到练耳状态后，应用随机生成的测试音。然后在"状态切换按钮"的点击事件中，利用条件语句，根据按钮的显示文本不同，执行不同的条件分支，代码如图8-8所示。

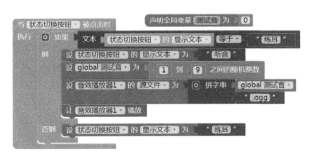

图8-8 "状态切换按钮"的点击程序

二 改写点击按钮过程

为点击按钮过程添加一个条件语句，根据"状态切换按钮"的"显示文本"判断当前状态，如果是听音状态（显示文本＝"练耳"），则执行听音程序（保留原来九键琴的代码），否则，执行练耳程序，代码如图8-9所示。这是一个双层嵌套的条件语句，在外层条件语句的否则分支中，判断用户选中的按钮序号是否与测试音相等，如果相等，则生成并播放下一个测试音，否则，播放错误提示音。

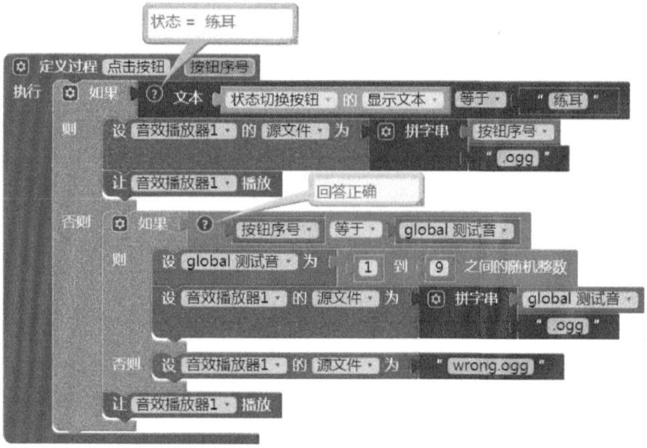

图8-9　改造之后的点击按钮过程

这个过程改造完成之后，这个项目的全部任务也就完成了，退出按钮以及9个音阶按钮的点击事件处理程序无须修改。现在可以开始测试了。

最初的测试，正确辨识音高的成功率会比较低，这时可以切换到听音状态，反复倾听标准的音高，然后再重新开始测试，相信你会有显著的进步。

第五节　编程语言进阶

在第6章第二节编程语言初步中，我们介绍了编程语言中的基本要素，如常量、变量、语句、过程等，本节讲述程序的结构，并介绍另一种程序语言——流程图。

程序的结构

复杂的事物都是有结构的，结构会让事物兼具可扩展性及稳定性。程序有三种基本结构——顺序结构、分支结构及循环结构。

1. 顺序结构

图8-10　顺序结构示意图

顺序结构指的是一段程序按照语句排列的先后顺序依次执行，如图8-10所示，图中的角色要想到达目标，需要依次执行五个指令，这五个指令就组成了一段顺序结构的程序。

2. 分支结构

分支结构指的是程序有多种可供选择的方向，需要依据对条件的判断来决定程序的走向。在图8-11中，那只飞鸟的目标是捉到虫子，然后返回鸟巢。假设在返回鸟巢前，鸟的默认状态是飞行，因此，在尚未捉到虫子之前，它必须保持在0°方向上，一旦捉到虫子，就要转向90°方向，继续飞行直到返回鸟巢。图中的这段代码就构成了一段分支结构的程序。

图8-11　分支结构示意图

3. 循环结构

循环结构指的是在满足条件的前提下重复执行某一段程序。如图8-12所示，图中的角色为了到达目的地，需要重复四次"前进→左转→前进→右转"的指令，这段代码构成了一段循环结构的程序。图中重复的条件是"直到遇见目标"，它的含义等同于"在遇见目标之前"。

图8-12　循环结构示意图

以上是对三种程序结构的简单介绍，在学习过之前的7个案例之后，我们对这三种结构的程序并不陌生，而且能够编写出具有这些结构的程序。无论一个程序多么复杂，都不过是这三种基本结构的嵌套与组合，因此，精确地掌握这三种结构程序的编写方法，是构筑复杂程序的基础。

二. 程序流程图

对于事物结构的描述，图形的表现力要远远超过语言文字，流程图就是用来描述程序结构的图形化语言，其中包含以下几种基本的语言要素，如图8-13所示。

（a）开始或结束（b）语句或过程（c）分支结构　（d）流程线　（e）标注文字

图8-13　流程图中的基本语言要素

1. 顺序结构流程图

如图8-14所示，在顺序结构流程图中，流程线将语句或过程图标按顺序连接起来，表明程序的执行顺序。

2. 分支结构流程图

如图8-15所示，在分支结构的流程图中，菱形图标表示一个条件语句，对条件的判断结果将影

图8-14　顺序结构的程序流程图

响程序的走向，满足条件时，执行"步骤2"，否则执行"步骤3"。有时不同分支会重新汇聚到同一点，如图8-15所示的"步骤4"，但有时也不汇聚。

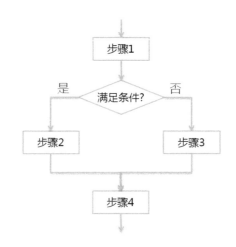

图8-15　分支结构的程序流程图

3. 循环结构流程图

如图8-16所示，在循环结构的流程图中，循环体（"步骤2"）位于一个条件语句下方，当条件满足时，执行循环体，否则，执行循环体以外的程序（"步骤3"）。

正如前文所述，复杂程序是由基本结构的程序经嵌套和组合而成，那么复杂

程序的流程图也是由上述三种流程图经嵌套和组合而成。在处理简单程序时，通常不必绘制流程图，但当程序足够复杂，尤其是程序中存在多重或嵌套的分支及循环结构时，流程图可以帮助我们理清思路，穷尽所有可能的程序走向，避免由于思维的不确定性而造成的疏漏。有了流程图，我们就可以按图索骥，有条不紊地实现图中的各项功能。

4. 流程图举例

在了解了程序结构与流程图的基本知识后，我们来实战演练一下，就以本章的图8-9为例，绘制点击按钮过程的流程图，如图8-17所示。

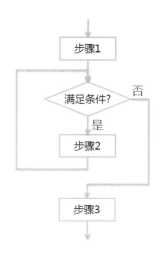

图8-16　循环结构的程序流程图

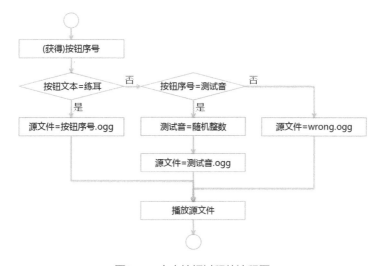

图8-17　点击按钮过程的流程图

在绘制上述流程图时，偶然发现点击按钮过程里，播放源文件的指令可以放在所有条件语句的外面，也就是说，整个程序中有一个"播放"块就够了。有兴趣的读者不妨在前几章中找到一个复杂度较高的程序，尝试绘制一下流程图，或许能有所收获。

第六节 ▶ 小结

在第6章中我们介绍了编程的基础知识，其中讲到了定义过程的三点好处，第一点就是提高代码的复用性，即一段代码一次编写，可以在多处使用。这不但可以提高开发效率，而且，当程序需要修改时，可以避免重复地修改代码。本章的开发过程为这一结论提供了极好的例证。

本章在原有九键琴的基础上添加了一个按钮组件，通过增改少量代码，就实现了听音练耳的功能，这得益于"点击按钮"过程的定义。试想，如果没有过程，新程序要在9个按钮的点击事件中分别实现"听音"与"练耳"两项功能。像这样编写大量重复的代码，不仅效率低下，而且极易引入错误。

本章创建的听音练耳应用，虽然功能简单，但开发过程中采用的以下几个小技巧值得借鉴。

（1）利用项目的另存功能，可以在现有项目的基础上，扩展新的功能，而不必从头开始创建项目，节省了工作量。

（2）利用循环语句及合成颜色块，通过递增三原色的色阶值，可以生成一系列的渐变颜色。

（3）一个组件可以有双重功能，利用条件语句判断组件的状态，并分别实现不同的功能。

（4）创建过程，并恰当地设置过程的参数，可以提高工作效率，减小出错的可能性。

（5）理解程序的结构，学会绘制程序流程图，可以帮助我们开发出更为复杂的应用。

CHAPTER 09 > 涂鸦板

涂鸦板是一个用于绘画的应用，用户可以设置画笔的颜色及粗细，可以绘制任意形状的曲线，也可以绘制标准的几何图形，如图9-1所示。

第一节 > 功能描述

（1）**绘图类型** 应用可以绘制直线、曲线、圆形等6种不同的线条和几何图形，但在某一时刻只能绘制一种类型，如直线。用户可以随时选择绘制不同的类型，如方形、方块、圆点等。

（2）**当前绘图类型** 某一时刻用户选中的绘图类型。

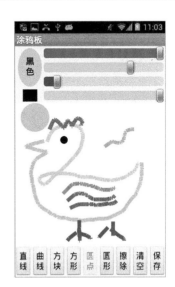

图9-1 手机中的涂鸦板应用

二 功能描述

涂鸦板应用基于第3章调色板，保留了调色板的功能，并在此基础上扩展出绘图功能。

（1）调节画笔颜色。

（2）调节画笔粗细。

（3）选择绘制类型。

（4）绘图类型包括：

① 直线；② 曲线；③ 方块：实心正方形；④ 方形：空心正方形；⑤ 圆点：实心圆形；⑥ 圆形：空心圆形。

（5）橡皮擦。局部擦除已经绘制的图形。

（6）清空画布。全部擦除已经绘制的图形。

（7）保存作品。

第二节 ▷ 用户界面设计

本章将引入App Inventor中一个非常重要的组件——画布，画布最基本的功能就是绘画，画布组件拥有丰富的事件类型及内置过程，可以实现很多有趣的功能。

本章还将介绍计时器组件的另一个重要功能——提取日期及时间信息，将日期时间信息作为保存作品的文件名。

本章虽然基于此前的调色板应用，但调色时使用了数字滑动条组件替代此前的文本输入框，因此，需要创建新项目，从头开始添加组件，并设置页面的布局。

创建一个新项目——涂鸦板，将屏幕划分为上、中、下三个部分，上部用于调颜色和设置画笔宽度，中部用于绘图，下部用于设置当前绘图类型。用户界面在设计视图中的效果如图9-2所示。

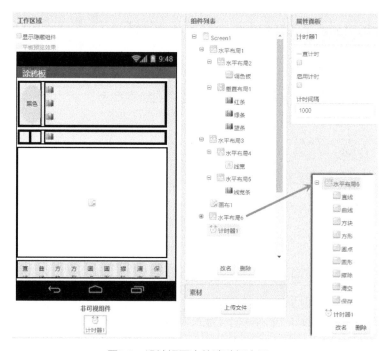

图9-2　设计视图中的涂鸦板应用

涂鸦板应用的用户界面布局有些复杂，下面分别加以描述，如表9-1~表9-4所列。

表9-1 屏幕、画布及计时器的属性设置

组件类型	组件名称	属性	属性值
屏幕	Screen1	标题	涂鸦板
		水平对齐	居中
画布	画布1	宽度、高度	充满
计时器	计时器1	一直计时、启用计时	取消勾选

表9-2 水平布局1及其内部组件的属性设置

组件类型	组件名称	属性	属性值
水平布局	水平布局1	宽度	98%
水平布局	水平布局2	宽度、高度	充满
		水平、垂直对齐	居中
按钮	调色板	宽度	50像素
		高度	80像素
		形状	椭圆
		显示文本	黑色
垂直布局	垂直布局1	默认设置	
数字滑动条	红条	左侧颜色	红色
	绿条	左侧颜色	绿色
	蓝条	左侧颜色	蓝色

注：三个数字滑动条的其他属性设置将由程序来完成。

表9-3 水平布局3及其内部组件的属性设置

组件类型	组件名称	属性	属性值
水平布局	水平布局3	宽度	98%
水平布局	水平布局4	宽度、高度	充满
		水平对齐	居中

续表

组件类型	组件名称	属性	属性值
标签	线宽	高度	充满
		宽度	1像素
		背景颜色	黑色
		显示文本	空
水平布局	水平布局5	默认设置	
数字滑动条	线宽条	右侧颜色	浅灰
		宽度	255像素
		最大值	30
		最小值	1
		滑块位置	1

表9-4　水平布局6及其内部组件的属性设置

组件类型	组件名称	属性	属性值
水平布局	水平布局6	宽度	充满
按钮	直线	显示文本	直线
	曲线		曲线
	方块		方块
	方形		方形
	圆点		圆点
	圆形		圆形
	擦除		擦除
	清空		清空
	保存		保存
	以上按钮	宽度	充满

注：部分组件的属性设置将由程序来完成。

第三节　编写程序——屏幕初始化

在屏幕初始化时，有三项任务需要完成。

（1）设置全局变量

① 颜色滑动条：列表类型、列表项为三个颜色条的组件对象。

② 当前绘图类型：按钮对象类型，用来保存与当前绘图类型相对应的按钮对象。

（2）为全局变量赋值

① 向颜色滑动条列表添加列表项，包含红条、绿条、蓝条三个组件对象。

② 假设默认绘图类型为直线，设变量"当前绘图类型"的值为组件对象"直线"。

（3）设置组件的初始状态

① 设所有颜色滑动条的宽度为255像素，最大值为255，最小值为0，滑块位置为0，右侧颜色为浅灰色。

② 设"调色板"按钮的背景颜色为三个滑动条位置组成的合成颜色。

③ 设"直线"按钮的启用属性为假，即默认的绘图类型为直线。

1. 声明全局变量

声明两个全局变量："当前绘图类型"及"颜色滑动条"。并设它们的初始值为空列表，如图9-3所示。

图9-3　声明全局变量

2. 创建合成颜色过程

在涂鸦板应用中，会频繁地使用"合成颜色"块，它的三个色阶值取自于三个数字滑动条的滑块位置，因此，有必要创建一个合成颜色过程，以便在后续的开发中调用。代码如图9-4所示。

图9-4　定义"合成颜色"过程

"合成颜色"过程里使用了"就低取整"块，用来处理可能出现的滑块位置的小数值。

3. 编写屏幕初始化程序

在屏幕初始化程序中为两个变量赋值，利用针对列表的循环设置三个数字滑动条的属性值，并设置"调色板"按钮及"直线"按钮的属性，代码如图9-5所示。

图9-5　为全局变量赋值并设置组件的属性值

第四节 ⟫ 设置画笔的颜色与线宽

在调色板应用中，我们利用文本输入框来输入三原色的色阶值，在这里，用数字滑动条替代文本输入框，以便限定色阶的数值范围。在数字滑动条的滑块位置改变事件中，设置调色板按钮的背景颜色，并设置画笔的颜色。考虑到需要为三个数字滑动条的位置改变事件编写事件处理程序，为了提高代码的复用性，创建一个"调色"过程，代码如图9-6所示。

图9-6　创建"调色"过程

在三个数字滑动条的滑块位置改变事件中调用该过程，代码如图9-7所示。

图9-7　三个数字滑动条的事件处理程序

二. 设置画笔线宽

在数字滑动条"线宽条"的滑块位置改变事件中，设置"线宽"标签的宽度，并设置画布组件的"画笔线宽"属性，代码如图9-8所示。

图9-8　设置"画笔线宽"属性

三. 恢复默认颜色——黑色

当用户点击"调色板"按钮时，将三个颜色滑动条的滑块位置归零，并重新设置"调色板"的背景颜色，以及画布的画笔颜色，代码如图9-9所示。

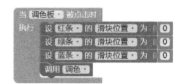

图9-9　恢复调色板及画笔的默认颜色

至此我们已经实现了调色及设置画笔线宽的功能，下面进行测试。测试分为以下三步进行。

（1）改变三个颜色滑动条的滑块位置，观察调色板按钮背景颜色的变化；

（2）改变线宽滑动条的滑块位置，观察线宽标签的变化；

（3）点击调色按钮，让颜色滑动条的滑块位置归零，观察调色板按钮的变化。

测试结果如图9-10所示。

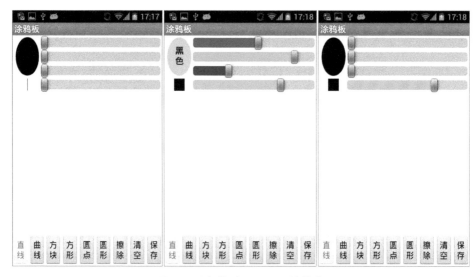

图9-10　测试调色及设置画笔线宽

第五节 · 编写程序——切换绘图类型

　　应用中屏幕下方的按钮中，左侧的7个按钮用于设置当前绘图类型，一旦用户点击了其中的某个按钮，则禁用该按钮，启用前一时刻被禁用的绘图类型按钮，并更新全局变量"当前绘图类型"的值。

　　由于7个绘图类型按钮具有相似的功能，因此，创建一个带有参数的过程——"切换绘图类型"，实现上述功能，代码如图9-11所示。

图9-11　创建"切换绘图类型"过程

　　注意图9-11中代码的执行顺序。当某绘图类型的按钮被点击时，全局变量"当前绘图类型"中保存的是前一时刻被禁用的按钮，此时，必须首先解除该按钮的禁用状态，然后再更新全局变量"当前绘图类型"。想想看，图中这三行代码的顺序是否可以调换，为什么？

　　接下来，在7个按钮的点击事件中调用该过程，代码如图9-12所示。

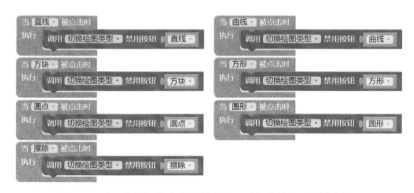

图9-12　在7个按钮的点击事件中调用"切换绘图类型"过程

请读者自行测试上述代码，逐个点击左侧的7个按钮，观察程序的运行结果。

第六节 ▸ 编写程序——绘制方块与圆点

一　画布坐标系

可以从两个方面来理解画布的功能。首先，画布是一个容器，就像布局组件一样，它的内部可以容纳精灵组件。画布像一个舞台，精灵就是表演者，而开发者就是编剧和导演，可以设计和控制这些精灵。其次，画布终究还是画布，可以在上面涂鸦作画。无论是哪种功能，都离不开对于位置的描述。精灵在画布上游荡，画笔在画布上游走，都必须给它们指定x、y坐标，因此，对画布的介绍就从画布坐标系开始。

如图9-13所示，图中橙色方框包围的是一个300×300（像素）的画

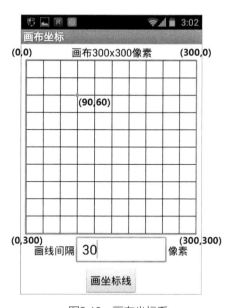

图9-13　画布坐标系

布，黑色线条的间距是30像素，它们将画布分割成30×30（像素）的小方格，图中保留了手机顶端的消息栏，以便读者对画布坐标的方向及像素的长度产生直观的感受。

与数学中的平面直角坐标系不同的是，画布坐标系的原点位于画布的左上角，从原点出发，向右是x轴的正方向，向下是y轴的正方向（数学坐标系中的y轴向上为正方向）。

画布上任意一点的位置都可以用坐标来描述，如图9-13所示偏左上角的橙色圆点的坐标为（90，60）。

了解了画布坐标系的原点、正方向以及长度单位，我们可以开始绘画了。

二. 绘制方块与圆点

1. 画布的被触摸事件

打开画布组件的代码块抽屉，你会发现，画布组件共有五个事件块，如图9-14所示，每个事件块都携带有x、y坐标参数，这是得以在画布上绘画的必要条件。

画布的被触摸事件与按钮的点击事件相似，不同的是，当用户点击画布上的某一点时，程序可以取得触摸点的x、y坐标。

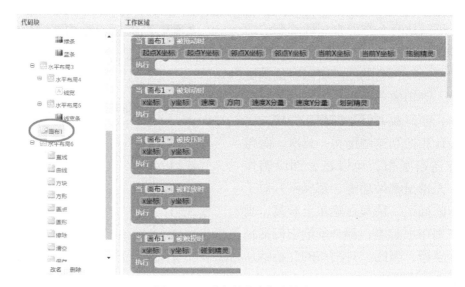

图9-14 画布组件的全部事件块

2. 绘制方块与圆点

在画布的被触摸事件中，首先要判断当前绘图类型是否为方块或圆点，如果是，则调用画布组件的内置过程——画点或画圆，完成绘制任务，代码如图9-15

所示。注意"画圆"块中的"允许填色"参数，当它的值为真时，绘制实心圆，否则绘制空心圆。

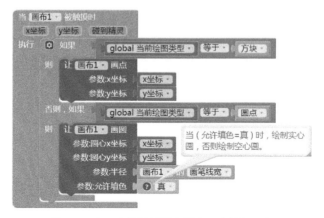

图9-15　在画布的被触摸事件中画方块与圆点

上述代码中使用了"如果……则……否则，如果……则……"的条件语句，并没有使用"如果……则……否则……"语句，对条件进行了严格的限制，这样可以确保被触摸事件不会引发其他的绘图操作，代码的测试结果如图9-16所示。

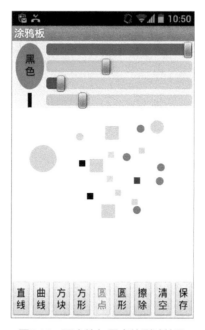

图9-16　画方块与圆点的测试结果

第七节 其他绘图功能

画布组件不仅提供了丰富的用户交互事件，还提供了多种内置过程，本章的主要目的，就是学习这些事件及内置过程的使用方法。打开画布组件的代码块抽屉，查看紫色的内置过程块，如图9-17所示，共有11个内置过程块，本章将使用第①~⑤以及第⑩个块。

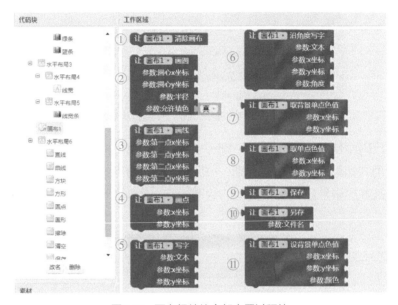

图9-17 画布组件的全部内置过程块

一、绘制直线、方形与圆形

为什么将这三种图形归为一类呢？这与绘制图形时用户的操作手法有关。在绘制这三种图形时，用户将手指落在一点（以下称之为"起点"），然后在屏幕上拖动，当图形的尺寸满足要求时，再将手指从屏幕上移开（称此点为"终点"）。如果在起点与终点之间画一条线段，那么对于不同的图形，这个线段的含义不同。

（1）**绘制直线时** 线段就是要绘制的直线；

（2）**绘制方形时** 线段是方形的对角线（不显示线段）；

（3）**绘制圆形时** 圆心为起点，线段的长度为圆的半径（不显示线段）。

为了绘制这三种图形，要使用以下两个事件。

（1）**被按压事件** 取得绘图的起点；

（2）**被释放事件** 取得绘图的终点，并完成图形的绘制。

下面分别加以实现。

1. 被按压事件的处理程序

首先声明两个全局变量——"X0"与"Y0"，分别记录绘图起点的x、y坐标，然后在被按压事件中为这两个变量赋值，代码如图9-18所示。

图9-18 在被按压事件中为全局变量"X0""Y0"赋值

2. 被释放事件的处理程序

在被释放事件中，首先要对当前绘图类型进行判断，并根据判断结果绘制不同类型的图形。

（1）**定义过程——画方形** 从图9-17中可以看出，画布可以画线、画圆，但不能画方形，那么如何解决画方形的问题呢？你可能猜到了，就是画4个线段，由这4个线段组成一个方形。考虑到尽可能减少事件处理程序中的代码量，因此定义一个"画方形"过程，代码如图9-19所示。

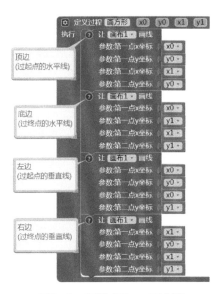

图9-19 定义过程——画方形

（2）**定义过程——求圆的半径** 在画圆的内置过程块中，共有4个参数，即圆心的x、y坐标、圆的半径以及允许填色。如前所述，圆心坐标来自全局变量

"X0""Y0"，允许填色属性处设为"假"，而圆的半径无法直接获得，需要借用一点解析几何的知识，求平面直角坐标系中两点间的距离，公式为：

$$R^2 = (x1 - x0)^2 + (y1 - y0)^2$$

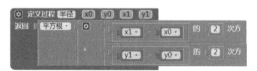

图9-20 定义有返回值过程——半径

创建一个有返回值的过程——半径，代码如图9-20所示。

（3）画布释放事件的处理程序

有了以上两个过程，我们可以很容易地写出画布的被释放事件的处理程序，代码如图9-21所示。

对上述代码进行测试，测试结果如图9-22所示。

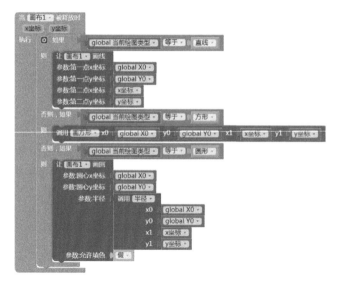

图9-21 在被释放事件中完成三种图形的绘制

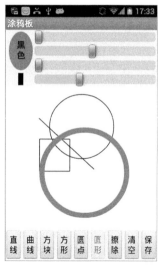

图9-22 测试直线、圆形、方形的绘制效果

二、绘制曲线、擦除与清空画布

绘制曲线功能与擦除功能在实现方法上是相同的，只是擦除时画笔的颜色为背景色。本应用中没有特别设置画布的背景色，因此，擦除时画笔颜色为白色。

1. 设定画笔颜色

为了在同一个事件中同时实现两个功能，需要在开始绘制曲线或擦除之前设置画笔的颜色，这项功能要在点击状态切换按钮时实现。从图9-12可知，在所有状态切换按钮的点击事件中，只有一行代码，即"调用切换绘图类型"过程，为此我们

图9-23 修改后的"切换绘图类型"过程

来修改此过程，代码如图9-23所示。

在上述过程里，首先判断参数"禁用按钮"是否为擦除按钮，如果是，则设画笔颜色为白色，否则为合成颜色。

2. 画布的拖动事件

绘制曲线和擦除操作要使用画布组件的拖动事件，如图9-24所示，这是所有事件块中携带参数最多的一个块，但是它的使用并不复杂，关键在于理解代码块上这些参数的含义。

图9-24 画布组件的拖动事件块

所谓拖动，指的是用户手指触摸屏幕，并且在不抬起手指的情况下，在屏幕上移动手指。用户手指最初接触屏幕的点被称为起点，对应于参数中的"起点X坐标""起点Y坐标"。随着用户手指在屏幕（画布）上的移动，手指当前时刻所在的点被称作当前点，对应于参数中的"当前X坐标""当前Y坐标"；在当前时刻的前一时刻手指所在的位置被称为邻点，对应于参数中的"邻点X坐标""邻点Y坐标"。在用户手指开始触摸屏幕但尚未开始移动的一刹那，当前点＝邻点＝起点，随着手指的移动，起点不会改变，上一时刻的当前点变为当前时刻的邻点。

实际上画布并不能直接绘制曲线，所谓曲线，是由很多段微小的线段连接而成，因此，绘制曲线实际上是不断在邻点与当前点之间绘制直线线段。

了解到上述内容后，我们来编写拖动事件的处理程序，代码如图9-25所示。

图9-25　在画布的拖动事件中实现绘制曲线及擦除功能

代码中条件语句的作用是，确保拖动事件只用于实现绘制曲线及擦除功能。

3. 清空画布

清空画布功能的实现非常简单，在清空按钮的点击事件中直接调用画布的内置过程——"清除画布"，代码如图9-26所示。

图9-26　实现清空画布功能

至此已经实现了涂鸦板应用的全部绘图功能，读者可自行完成测试任务。

第八节 ▶ 保存作品

在图9-17中，标记为⑩的块用来将画布上的图形保存为文件，并为文件指定文件名。考虑到用户可能会创作很多作品，如果文件名相同，那么后来保存的文件会覆盖之前保存过的文件。通常会利用系统的日期时间信息自动生成文件名，如"20180428163211.png"，文件名中包含了生成文件时的日期和时间：2018年4月28日16时32分11秒。

一　计时器组件中的日期与时间

前文中提到过，计时器组件的功能之一是从中读取日期与时间信息。打开计时器组件的代码块抽屉，你会发现其中包含了大量紫色的代码块，这些块全部与日期时间相关，而且都是有返回值的块，无一例外。我们要使用的是"设完整时间格式"块与"让计时器1求当前时间"块，如图9-27所示。

图9-27 "设完整时间格式"块与"让计时器1求当前时间"块

1. 设置日期时间格式

图9-27中的"设完整时间格式"块采用了默认的格式，代码块的执行结果显示在上方的注释窗口中，对照格式参数，你或许能猜到格式字串中各个字母的含义，我们来解释一下。

（1）MM 对应于两个数字的月份，如4月写作"04"，可选格式为M，此时4月写作"4"。

（2）dd 对应于两个数字的日期，如5日写作"05"，可选格式为d，此时5日写作"5"。

（3）yyyy 对应于4个数字的年份，如2018年写作"2018"，可选格式为yy，包含2个数字，如2018年写作"18"，另一个可选格式为y，与yyyy的显示格式相同。

（4）hh 对应于两个数字的时，如凌晨3点写作"03"，可选格式为h，此时凌晨3点写作"3"。

（5）mm 对应于两个数字的分，如5分写作"05"，可选格式为m，此时5分写作"5"。

（6）ss 对应于两个数字的秒，如8秒写作"08"，可选格式为s，此时8秒写作"8"。

（7）a 标记上午或下午。

注意区分格式字串中的大小写，其中的M表示月份，m表示分钟。

2. 当前时间块中包含的信息

"求当前时间"块中包含了很多与时间相关的信息，它的返回值被称为"时间点"，当计时器的其他内置过程块需要"时间点"参数时，就要用到"求当前时间"块。为了便于理解，图中给出了"求当前时间"块的返回值，其中"~~"后面的内容是笔者给出的注释，如图9-28所示。需要特别解释的是毫秒数，它指的是从1970年1月1日0时起至今的毫秒数，是计量时间的绝对数值，可以用来求两个时间点之间的时间差。

```
Do It Result: java.util.GregorianCalendar[
time=1524906362783,            ~~ 毫秒数
areFieldsSet=true,
lenient=true,
zone=Asia/Shanghai,            ~~ 时区
firstDayOfWeek=1,              ~~ 每周第一天
minimalDaysInFirstWeek=1,
ERA=1,                         ~~ 公元
YEAR=2018,                     ~~ 年
MONTH=3,                       ~~ 月（0~11）
WEEK_OF_YEAR=17,               ~~ 本年的第几周
WEEK_OF_MONTH=4,               ~~ 本年的第几月
DAY_OF_MONTH=28,               ~~ 本月的第几日
DAY_OF_YEAR=118,               ~~ 本年的第几日
DAY_OF_WEEK=7,                 ~~ 本周的第几日
DAY_OF_WEEK_IN_MONTH=4,        ~~本月的第几周
AM_PM=1,HOUR=5,                ~~ 上午/下午 小时
HOUR_OF_DAY=17,                ~~ 时
MINUTE=6,                      ~~ 分
SECOND=2,                      ~~ 秒
MILLISECOND=783,               ~~ 毫秒
ZONE_OFFSET=28800000,
DST_OFFSET=0
]
```

⑦ 让 计时器1 ▾ 求当前时间

图9-28　当前时间块中包含的信息

二、保存作品

　　首先创建一个有返回值的过程——"文件名"，然后在保存按钮的点击事件中，调用画布的写字过程，代码如图9-29所示。注意画布的"另存"块是一个有返回值的内置过程，因此需要有一个能够接收值的块与之配合使用。

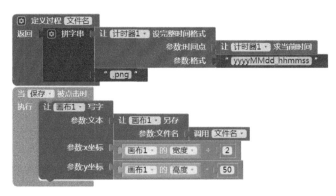

图9-29　实现保存功能的代码

　　上述代码将在画布下方显示图形文件的存放位置。程序在手机中的测试结果如图9-30所示。屏幕上显示了"/storage/sdcard0/20180428_062138.png"，表明图片已经被保存在手机SD卡的根目录下。

打开手机的文件管理器，找到SD卡的根目录，查看已经保存的文件，如图9-31所示，橙色圆形所标记的文件就是之前保存的文件。

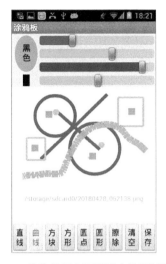　　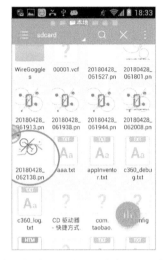

图9-30　将作品保存到手机中的测试结果　　图9-31　在手机的文件管理器中查看已保存的文件

第九节 · 程序调试

在App Inventor的编程视图中，用鼠标右键点击代码块，将弹出右键菜单，如图9-32所示，其中橙色线条所标记的两个选项——"禁用代码块"及"执行该代码块"，是用来调试程序的。本章的图9-27及图9-28就是选择"执行该代码块"之后的结果。

图9-32　代码块的右键菜单

那么什么是程序调试呢？当使用程序语言表达我们的意图，并命令计算机完成一个任务时，人们的表达方式与计算机的理解方式之间会存在差异（毕竟人类是智慧生物），导致在测试时无法获得预期的结果，这时我们会说程序出bug了，也就是程序中有错误。错误产生的原因在于人而非机器，为此我们需要改进自己的表达方式，也就是修改程序，然后再次测试，看是否可以获得预期的结果，这样反复出错、查错、纠错的过程，就叫作程序调试。

任何程序的开发过程，同时也是程序的调试过程。App Inventor利用手机＋

AI伴侣的方式进行测试，这个方法虽然有效，但它只能显示程序执行的最终结果。有时我们希望获得一段程序的中间结果，或者排除某些可能有错误的代码，这时就会用到上面提到的两个调试方法。

"禁用代码块"可以让某些代码块不参与程序的运行，这是查找错误的有效方法。如果无法确定错误出在哪一段代码中，可以依次禁用部分代码，以便找到那些潜藏在深处的错误。

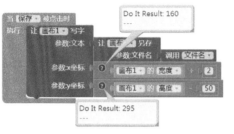

图9-33 "执行该代码块"的执行结果

"执行该代码块"用于查看某个代码的执行结果，在第4章猜数游戏中已经做过介绍，这项操作必须在连接了AI伴侣的情况下才能使用。如图9-33所示，在连接了AI伴侣的前提下，分别对除法块和减法块点击右键，并选择"执行该代码块"，结果会在代码块的左侧添加一个问号，并弹出一个窗口，里面的文字就是程序的执行结果。以除法块为例，窗口中显示"Do It Result: 160"，其中的"160"就是减法块的执行结果——画布宽度值的二分之一。

在应用开发过程中，在需要的时候使用这两个调试方法，可以快速找到程序中的错误，从而提高开发效率。

第十节 ▶ 小结

本章引入了两个新组件——数字滑动条及画布，它们为应用提供了丰富的用户交互手段。以下为本章要点。

（1）数字滑动条。用于输入数字，并在滑块位置改变事件中，随时获得输入的数值。与文本输入框相比，数字滑动条可以限制输入数值的范围。

（2）合成颜色块与三个颜色滑动条配合使用，可以动态地调整合成颜色。

（3）将同类组件放入列表，借助于循环语句，可以批量地设置组件的属性。

（4）组件对象可以成为过程的参数。

（5）画布组件。画布坐标系、画布的内置过程及事件，保存画布图像时文件的存放位置。

（6）计时器组件。其中包含了日期与时间信息、时间点的含义。

（7）程序的调试方法。单步执行与禁用代码块。

CHAPTER

10 〉 猜字谜

猜字谜游戏对于一些人来说是不擅长的，那些机智的谜题让人不知所措，于是总是匆匆地翻开谜底，寻求答案。本章将要完成的这款应用，就是鼓励那些急于想知道答案的人，通过尝试体会发现的快乐。应用的用户界面如图10-1所示。

图10-1　猜字谜游戏的用户界面

第一节 〉 功能描述

按照应用运行的时间顺序，功能描述如下：

（1）应用启动后显示第一个谜题。

（2）用户输入并提交猜测结果。

（3）对用户的猜测结果进行判断，并告知用户结果是否正确。

① 如果正确，显示一个对号；

② 如果错误，显示叉号以及答错次数。

（4）当用户答错次数达到5次时，允许用户选择。

① 查看谜底：标记该谜题挑战失败；

② 错误次数归零：重新开始累计答错次数。

第二节 〉 素材准备

本应用的素材包括三张图片以及一个Word文档（谜面和谜底）。

一. 谜面及谜底

事先准备好谜面与谜底，在Word文档中将它们制作成表格，如表10-1所示。这里为应用准备了30对谜面与谜底，下文中会讲解如何将表格内容添加到项目中。

表10-1　谜面及谜底

序号	谜面	谜底	序号	谜面	谜底	序号	谜面	谜底
1	一加一	王	11	秀才翘尾巴	禿	21	需要一半，留下一半	雷
2	一百减一	白	12	人在山西	仙	22	守门员	闪
3	一个礼拜	旨	13	有米就来	一	23	上下串通	卡
4	一只牛	生	14	组合木床	麻	24	上气接下气	乞
5	一箭穿心	必	15	端午前后	辛	25	半青半紫	素
6	七人头上长了草	花	16	一口咬掉牛尾巴	告	26	一撇一竖一点	压
7	七十二小时	晶	17	一大二小	奈	27	向左边一直走	句
8	九辆车	轨	18	一斗米	料	28	个个生得笨	本
9	一口咬住多半截	名	19	九点	丸	29	妇女解放翻了身	山
10	要一半，扔一半	奶	20	人不在其位	立	30	一分为二看是非	丰

二. 图片

图10-2　项目中使用的图片素材文件

准备3张图片，如图10-2所示，用于显示某个谜题的猜测结果。问号图标表示此谜题尚未被回答，对号图标表示该谜题已经被猜中，叉号图标表示没有猜中，叉号中间的圆圈中会显示数字，表明猜错的次数。

第三节 ▷ 用户界面设计

创建新项目，命名为"猜字谜"。应用中使用的组件并不多，主要为标签、按钮、输入框、对话框等，利用布局组件将它们安排在合适的位置。用户界面在设计视图中的效果如图10-3所示，组件的命名及属性设置见表10-2。

图10-3　用户界面在设计视图中的效果

从图10-3中可知，Screen1中只有一个组件——"水平布局1"，"水平布局1"中包含了两个垂直布局组件，它们占满了"水平布局1"的宽度。从设计视图中观察，"垂直布局1"与"垂直布局2"的宽度接近，但在测试手机中（如图10-1）两者的宽度比例大约为3∶2。有兴趣的读者不妨验证一下：首先获得Screen1的宽度H_0，然后计算"水平布局1"的宽度H_1（$H_0 \times 96\%$），再求出"垂直布局2"的宽度$H_2 = 120$像素（两个按钮的宽度），那么垂直布局1的宽度$H_1 = H_1 - H_2$，由此可以计算出H_1与H_2的比值。

表10-2　组件的命名及属性设置

组件类型	组件名称	属性	属性值
屏幕	Screen1	水平对齐	居中
		标题	猜字谜
水平布局	水平布局1	宽度	96%
		高度	150像素
		垂直对齐	居下
垂直布局	垂直布局1	宽度	充满
		高度	140像素
		垂直对齐	居下
标签	标签2	高度	30像素
		显示文本	谜面
	谜面	高度	30像素
		宽度	充满
水平布局	水平布局2	宽度	充满
		垂直对齐	居中
文本输入框	谜底	宽度	充满
		提示	谜底
按钮	提交按钮	宽度	60像素
		显示文本	确定
垂直布局	垂直布局2	高度	136像素
		水平对齐	居中
		垂直对齐	居下
按钮	告知按钮	高度、宽度	80像素
		字号	28
		显示文本	空
水平布局	水平布局3	高度	充满
		垂直对齐	居下
按钮	上一题按钮	宽度	60像素
		显示文本	<<
	下一题按钮	宽度	60像素
		显示文本	>>
对话框	对话框1	默认设置	

项目中的"告知按钮"用于显示对号、叉号等提示信息，图10-3中为了显示图片的效果，临时将其图片属性设为"right_80.png"。这个按钮在项目中仅用于显示信息，而不参与交互，那么为什么要用按钮而不用图片或标签组件呢？这是因为提示信息中除了图片，还有文本——当前谜题的累计答错次数，图片组件无法显示文字，而标签组件的显示文本无法实现垂直居中，只有按钮组件既能显示图片，又能让文本居中。

项目中有些组件的宽度、高度采用了像素值，这是为了调整这些组件的位置，是多次尝试、比较、修改的结果。

最后上传三个图片文件，文件名中的"80"提示大家图片的宽、高为80像素。

第四节 编写程序——准备题目素材

我们已经将谜面及谜底的文本制作成表格，现在需要将这些内容转移到项目中。

一 表格文本的处理方法

我们来做一个实验。将开发工具切换到编程视图，取出一个空文本块，复制表10-1中序号为1～10"谜面"的内容，粘贴到空文本块中。再从文本抽屉中取出"用空格分解"块，将这两个块连接起来，如图10-4所示。

图10-4 连接"用空格分解"块和文本块

注意观察图10-4中的蓝色竖线，这是一个被选中的空格，它介于表格的两行文本中间，也就是说，表格中的一列文字从Word文档复制到App Inventor之后，表格的列数据变成了由空格分隔的一整段字串。图10-4中的"用空格分解"块用于将空格分隔的字串转化为列表，用"执行该代码块"可以查看列表的长度，如图10-5所示。

图10-5 用"执行该代码块"查看列表的长度

连接AI伴侣，然后对"列表的长度"块点击右键，在右键菜单中选择"执行该代码块"，程序的执行结果为"10"，说明这个被空格分解成的列表中包含了10个列表项，这恰好是Word文档中表格的行数。

这个实验提供了一种方法，可以将表格数据转化为App Inventor列表。本项目就采用这种方法，将表格中的全部谜面及谜底转移到项目的列表中。

二. 用全局变量保存谜面及谜底

声明两个全局变量——"谜面""谜底"。首先按列复制Word文档中的谜面数据，分别粘贴到App Inventor的三个空文本块中，再将三个文本块拼接起来，如图10-6所示，注意在第2、3个块的文本前面添加一个空格。用同样的方法将谜底拼接起来，然后对拼接好的文本进行分解，最后将分解的结果保存到全局变量中。

图10-6　用全局变量保存谜面和谜底

对两个全局变量的列表长度进行测试，返回值均为30，说明我们的操作是成功的。

第五节 ▸ 编写程序——显示谜面

有了谜面列表和谜底列表，就可以把谜面逐项地显示出来，用户通过点击"<<"和">>"按钮可以浏览全部谜题。这项功能涉及列表的查询操作——根据列表项的索引值查找对应的列表项。

一、屏幕初始化

首先声明一个全局变量，命名为"谜面索引值"，设它的初始值为1，然后在屏幕初始化程序中，根据谜面索引值，读取并显示第一道谜题，代码如图10-7所示。

图10-7　在屏幕初始化时显示第一道谜题

二、浏览全部谜题

所谓浏览，就是让谜面索引值递增或递减，并显示谜面列表中与谜面索引值对应的列表项。无论是递增还是递减，都要小心处理两个边界值，即谜面索引值的最大值和最小值，在本项目中，索引值的最小值为1，最大值为30。

利用"上一题按钮""下一题按钮"的点击事件来实现谜面索引值的递增或递减，并显示新的索引值所对应的谜面，代码如图10-8所示。

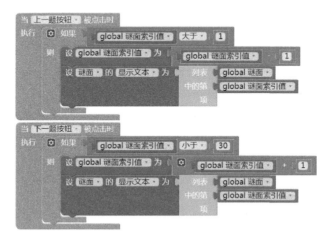

图10-8　浏览全部谜题

注意观察以上三个事件处理程序，其中有重复的代码——"设谜面的显示文本为"语句，将该语句封装为过程，命名为"显示谜题"，然后分别在三个事件处理程序中调用该过程，改造过的代码如图10-9所示。

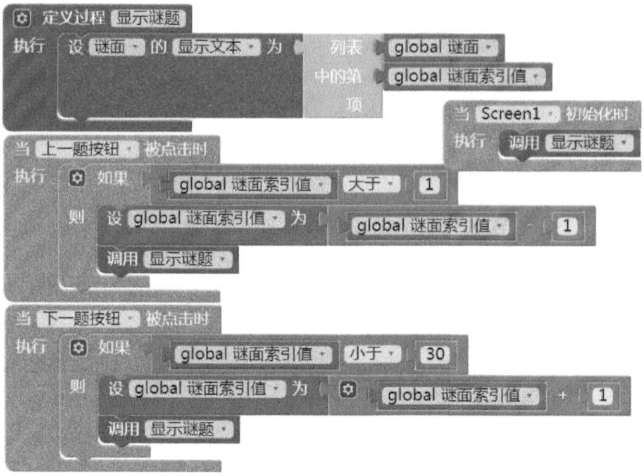

跟孩子一起玩编程
——App Inventor趣味应用开发实例

图10-9　将重复的代码封装为过程

为什么将过程命名为"显示谜题"而不是"显示谜面"呢？下文中你将看到
这样做的理由。

三　显示答题状态

在显示谜面的同时，需要提示用户当前谜题是否已经被回答过，以及回答的
结果如何。有四种可能的状态，在告知按钮上用不同的图片及文字来实现提示
功能。

（1）**尚未回答**　显示问号图片，不显示文字；

（2）**回答正确**　显示对号图片，不显示文字；

（3）**回答错误**　显示叉号图片，显示答错次数。

（4）**答题失败**　用户在答错5次后，应用将弹出选择对话框，此时如果用户
选择了对话框中的"谜底"按钮，则宣告答题失败，这时告知按钮上显示红色叉
号及字母"x"。

1. 答题状态初始化

每道谜题的默认状态为尚未回答。为了记录所有谜题的答题状态，需要一个
与谜面列表一一对应的答题状态列表。声明一个全局变量，命名为"答题状
态"，设其初始值为空列表，并在屏幕初始化时，为每个列表项赋初始值。关于
列表项的内容，做如下约定。

（1）**数字0**　表示尚未回答；

130

（2）**数字1** 表示回答正确；

（3）**数字-1~-5** 表示回答错误，其中数字的绝对值表示答错的次数；

（4）**文本"x"** 表示失败，即用户查看了答案（谜底）。

在屏幕初始化程序中，添加一个循环语句，为答题状态列表赋初始值，代码如图10-10所示。

图10-10 设置答题状态列表中列表项的初始值

上述代码中引入了局部变量"列表长度"，其值为谜面列表的长度。用变量值替代固定值30，可以让程序有更好的适用性。想象一下，假如有更多的谜题，如100个，甚至1000个，无论多少，这段程序都能适用。在编程技术中，固定值"30"被称为"硬编码"，应该尽量避免在程序中使用硬编码。

完成了对答题状态列表的初始化，接下来要改造显示谜题过程，在显示谜面的同时，显示答题状态，代码如图10-11所示，根据不同的状态值，设置告知按钮的图片及显示文本属性。

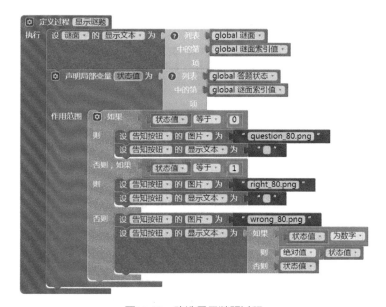

图10-11 改造显示谜题过程

现在你理解了为什么将过程命名为"显示谜题"而非"显示谜面"了吧？因为需要显示的内容不仅有谜面，还有答题状态。

图10-11代码中使用了一个新的代码块——有返回值的条件语句块（左侧带插头的"如果……则……否则"块）。在设置告知按钮的显示文本时，如果局部变量状态值为数字（-1~-5），则显示数字的绝对值，否则显示状态值（x）。这是一个非常有用的块，希望读者用心理解它的作用。

连接手机中的AI伴侣进行测试，测试过程中发现，应用一旦启动，就会在手机及编程视图中弹出错误提示信息，如图10-12所示。

图10-12　测试过程中出现错误提示信息

错误提示的内容为："Select list item: Attempt to get item number 1 of a list of length 0:（ ）"。这句话的中文翻译是："选择列表项：试图从长度为0的列表中选取第1项"。

从错误发生的时间来看，应该在屏幕初始化程序中，从错误提示信息中分析，错误应该出在选择列表项时。查看有关的两段代码，如图10-13所示，发现错误发生在"显示谜题"过程里，在为局部变量"状态值"赋值时，由于答题状态列表为空，因而导致了上述错误。错误虽然发生在显示谜题过程里，但原因在屏幕初始化程序中，两段代码的顺序不合理，导致了错误的产生。

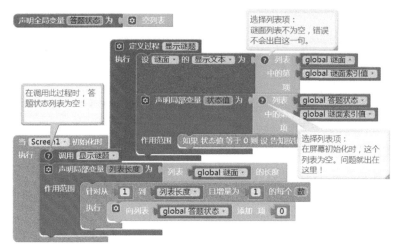

图10-13　分析产生错误的原因

调换屏幕初始化程序中代码的顺序，如图10-14所示，再次测试时，不再发生错误，测试结果如图10-15所示。

图10-14　调换代码顺序避免错误的产生

图10-15　修改程序之后的测试结果

注意

编写程序的过程，也是调试程序的过程。人类思维与机器"思维"之间有差异，因此出错在所难免，而查错和纠错恰恰是程序员成长的必经之路，这个过程能使我们更加深入地理解机器的思维方式。

第六节 ▶ 编写程序——猜谜和累计答错次数

猜谜和累计答错次数的功能都在提交按钮的点击事件中实现，其中涉及对另外两个列表的操作。预计程序的执行过程描述如下。

（1）判断用户是否输入了内容。

① 如果内容为空，提示用户输入猜测结果；

② 如果不为空，判断猜测结果是否正确。

（2）读取谜底。根据谜面索引值从谜底列表中取得正确答案。

（3）如果猜测结果与谜底相同，则告知按钮显示对号（文字为空）。

（4）如果猜测结果与谜底不同：

① 累计猜错次数，改写答题状态列表；

② 告知按钮显示叉号及猜错次数（包括5次）。

（5）如果猜错次数达到5次，则弹出选择对话框，提供3个选项按钮。

① 谜底：查看谜底，同时宣告猜谜失败。

② 返回：答错次数归零，返回游戏继续猜谜。

③ 退出：答错次数归零，并退出应用。

为了更加准确地描述程序的执行顺序，将上述文字转化为程序流程图，如图10-16所示。

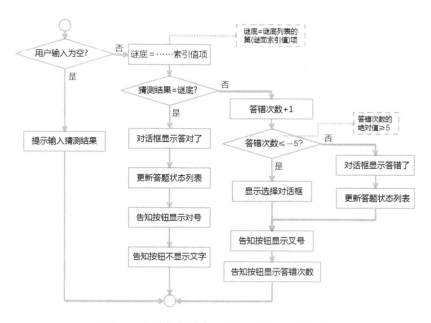

图10-16　提交按钮的点击事件处理程序的流程图

图10-16中虚线引出的文字起到注释的作用。从流程图中得知，实现上述功能所需的代码量较大，为了保持程序简洁易读，将其中功能相关的代码封装为过程。创建两个过程——"猜对了"及"猜错了"，代码如图10-17及图10-18所示。

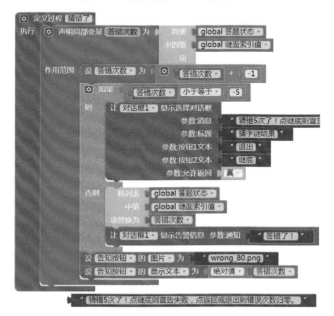

图10-17 定义过程——"猜对了"

图10-18 定义过程——"猜错了"

"猜对了"过程与流程图中的第②列相对应。

"猜错了"过程与流程图中的第3、4列相对应。

有了这两个过程，再来编写"提交按钮"的点击事件处理程序，并在其中调用上述过程，代码如图10-19所示。

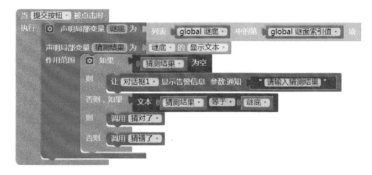

图10-19 "提交按钮"的点击事件处理程序

图10-19的代码中条件语句的第一个"则"分支对应流程图中的第一列。上述程序的测试结果如图10-20所示。

图10-20　测试猜谜和累计答错次数

第七节 ▶ 编写程序——查看谜底及其他

本应用的其余功能都要在对话框的完成选择事件中实现。同样是为了保持程序的简洁易读，创建两个过程——"错误次数归零"与"揭开谜底"，代码如图10-21所示。

图10-21　定义过程——"错误次数归零"与"揭开谜底"

然后在对话框完成选择事件中调用上述过程，代码如图10-22所示。

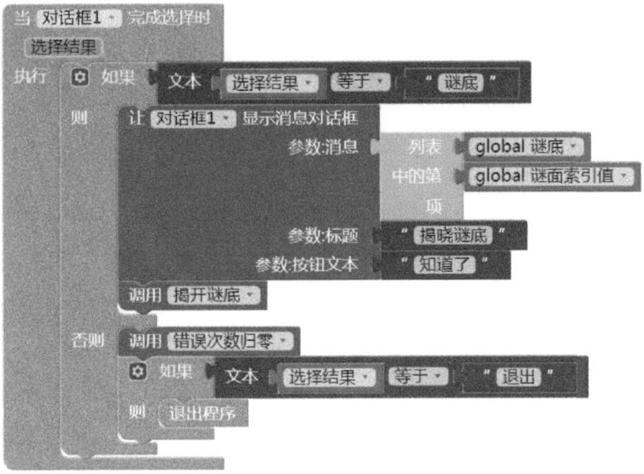

图10-22　在对话框的完成选择事件中处理用户的选择

第八节 > 改进与小结

虽然我们已经实现了本章的预设目标，但是在功能的完整性上，这个应用还有很多有待改进的地方，以下是给出的两点改进建议。

（1）对于某个特定的谜题而言，当用户已经猜中了谜底，或者已经宣告失败，此时应该禁止用户再次提交答案，但实际上用户仍然可以提交答案。对于这个问题，可以有以下两种解决办法。

① 隐藏那些已经猜中或宣告失败的谜题；

② 对于已经猜中或宣告失败的谜题，禁用提交答案按钮（推荐使用）。

（2）现有应用的谜题数量有限，内容固定，这样的应用很快就会失去生命力。建议将谜题（包括谜面和谜底）保存为手机中的文本文件，通过修改文本文件，用户可以自己扩展或更新谜题内容；也可以将谜题保存到网络上，动态地更新谜题内容。

以上建议供读者参考，希望大家开发出更有趣、更完善的应用来。

本章的知识要点总结如下：

（1）列表数据的来源。将Word的表格数据转化为App Inventor的列表。

（2）列表的操作。

① 添加列表项；

② 更新列表项；

③ 根据索引值选取列表项；

④ 列表的长度；

⑤ 多个列表共享一个索引值是处理答题类应用的关键所在。

（3）在程序中尽量避免使用"硬编码"。

（4）程序出错在所难免，学会查错、纠错是提高编程能力的阶梯。

（5）对话框组件。使用选择对话框为用户提供多种选择，并处理用户的选择。

（6）适当地将功能相关的代码封装为过程，可以改进代码的结构，提高代码的可读性。

CHAPTER 11 > 双语看图识字

看图识字是大家再熟悉不过的幼儿启蒙教育方法，几乎所有的孩子都经历过一边看图一边识字的时光。然而当这个简单的工具，要成为一款手机应用时，就变得不那么简单了。由于智能手机具有丰富的传感器及多媒体功能，使得手机上的看图识字变得鲜活而有趣，这也正是应用程序复杂的原因。

扫一扫，看视频

第一节 > 功能描述

双语版的看图识字应用包含两项功能——识字与测验。应用中包含以下三个核心要素。

（1）**图片** 看图识字中的"图"，本应用包含10张水果类图片，如桃、香蕉等；

（2）**汉字** 图所对应的汉字，是10个字（桃）或词（香蕉）；

（3）**单词** 图所对应的英文单词，如peach、banana等。

下面分别描述识字与测验两项功能。

一 识字

（1）应用启动时，默认显示第一张图片。

（2）当用户左右翻转手机时，分别显示图片、汉字及单词。

（3）播放汉字及单词的读音（有些型号的手机无法实现此功能）。

（4）用户滑动屏幕查看上一张或下一张图片及文字。

①向左滑屏：看下一张图。

②向右滑屏：看上一张图。

（5）用户可以随时切换到测验功能。

（6）用户随时可以退出应用。

（1）应用随机选取图片，同时显示4个中文的备选答案及4个英文备选答案；

（2）用户选择答案，如果回答正确，应用显示笑脸表情，否则显示沮丧表情；

（3）用户摇晃手机，可以随机产生下一张图片及对应的备选答案；

（4）用户可以随时返回到识字功能。

第二节 ▶ 素材及辅助工具

本应用除了需要准备一些图片素材外，有些型号的手机还需要安装一个外部应用——讯飞语音＋，以便在识字的同时播放中、英文语音，下面分别加以叙述。

为这个应用准备10张用于识字的图片，图片的规格为320×320（像素），PNG格式，另外还有两张用于显示测验结果的表情图片，规格为50×50（像素），如图11-1所示。

图片文件的文件名正是与图片对应的英文单词。

图11-1　看图识字应用的图片素材

二. 讯飞语音 +

1. 什么是TTS

TTS是Text to Speech的缩写，是一项语音合成技术，可以将不同语言（英语、汉语等）的文字转成语音。

2. 手机内置的TTS引擎

目前市场上主流的国产安卓手机都已经内置了文字转语音功能，默认支持中文语音，这类手机无须安装讯飞语音 + 。一些旧型号的安卓手机，默认的TTS引擎不支持中文语音，这类手机需要安装讯飞语音 + 。还有些旧型号的手机没有内置TTS功能，即便安装了讯飞语音 + ，也无法实现文字转语音的功能。请读者根据自己手机的实际情况，决定是否安装讯飞语言 + 。

3. 下载与安装

文件的下载地址为https://pan.baidu.com/s/1eXfanToySUDeg_RJwsitcQ，下载、安装、运行该应用，并检查相关设置。通常安装成功后保持其默认设置即可，如图11-2（a）、图11-2（b）所示。

（a）　　　　　　（b）　　　　　　（c）　　　　　　（d）

图11-2　安装应用并在手机的语言及输入法设置中将TTS首选引擎设置为讯飞语音 +

4. 设置手机默认的TTS引擎

打开手机的语言与输入法设置，如图11-2（c）、图11-2（d）所示，找到并打开"文字转语音（TTS）输出"选项，将TTS的首选引擎设置为讯飞语音 + 。

注 意

在设置功能中，手机型号不同，该选项可能归属于不同的一级菜单。

第三节 ▶ 用户界面设计

创建一个新项目，命名为"看图识字"。本项目需要使用两个屏幕，第一个屏幕（Screen1）用于识字，第二个屏幕（即将命名为TEST）用于实现测试功能，下面分别加以介绍。

一 识字功能的用户界面

向屏幕Screen1中添加两个水平布局组件、一个画布、四个按钮、一个方向传感器以及一个语音合成器，页面的布局如图11-3所示。注意图中右下角"素材"，12个图片文件已经上传到项目中。这里将画布的背景图片属性暂时设置为"banana. png"，以便显示画布的效果。Screen1中组件的命名及属性设置见表11-1。

图11-3 实现识字功能的用户界面

表11-1 Screen1中组件的命名及属性设置

组件类别	组件名称	属性	属性值
屏幕	Screen1	水平对齐	居中
		标题	看图识字
水平布局	占位布局	高度	50像素
		宽度	充满
画布	识字画布	高度、宽度	320像素
水平布局	水平布局1	高度、宽度	充满
		垂直对齐	居下
按钮	退出按钮	显示文本	退出
	中文读音按钮	宽度	充满
		显示文本	中文读音
	英文读音按钮	宽度	充满
		显示文本	英文读音
	测验按钮	显示文本	测验
方向传感器	方向传感器1	默认设置	
语音合成器	语音合成器1	默认设置	

二. 测验功能的用户界面

在设计视图中，点击屏幕操作区的"添加屏幕"按钮，将弹出"新建屏幕"窗口，此时必须为即将创建的屏幕命名，一旦屏幕创建完成，屏幕名称将无法更改。将新创建的屏幕命名为"TEST"，注意使用大写字母，如图11-4所示。

图11-4 将新创建的屏幕命名为"TEST"

屏幕名称只能由字母、数字及下划线组成，而且必须以字母开头。推荐使用大写字母为屏幕命名，一方面，以大写字母表示屏幕显现出在所有组件中的重要地位；另一方面，在执行打开屏幕命令时，屏幕名称字串作为指令的参数，对大小写敏感，因此，设为大写字母可以免去出错的可能。

新屏幕"TEST"创建完成后，将自动打开新屏幕。向"TEST"中添加组件，如图11-5所示，TEST屏幕中组件的命名及属性设置见表11-2。

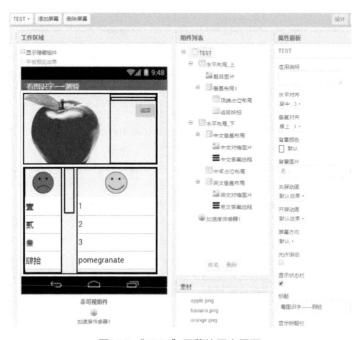

图11-5 "TEST"屏幕的用户界面

屏幕上部的水平布局用于显示题目图片及返回按钮，其中的返回按钮位于"垂直布局1"中，它的上方有一个水平布局组件，高度设为5像素，它起占位作用，避免按钮紧贴屏幕顶端。

屏幕下部的水平布局中包含三个垂直布局，其中左右两个垂直布局分别用于显示中、英文备选答案，以及提示对错的图片，中间的垂直布局起占位作用，宽度为20像素。

临时为所有的图片组件设置了图片属性，以便查看图片的显示效果。两个列表选择框组件分别设置了临时的"逗号分隔字串"属性，同样是为了查看文本的显示效果。

表11-2　TEST屏幕中组件的命名及属性设置

组件类型	组件名称	属性	属性值
屏幕	TEST	水平对齐	居中
		标题	看图识字——测验
水平布局	水平布局-上	宽度	96%
		高度	充满
图片	题目图片	高度、宽度	充满
垂直布局	垂直布局1	高度	充满
		水平对齐	居右
水平布局	顶端占位布局	高度	5像素
按钮	返回按钮	背景颜色	橙色
		显示文本	返回
水平布局	水平布局-下	宽度	96%
垂直布局	中文垂直布局	水平对齐	居中
图片	中文对错图片	宽度、高度	50像素
列表显示框	中文答案选框	宽度	80%
		背景颜色	白色
		选中项颜色	青色
		文本颜色	黑色
		字号	46
水平布局	中间占位布局	宽度	20像素
垂直布局	英文垂直布局	水平对齐	居中
		宽度	充满
图片	英文对错图片	宽度、高度	50像素
列表显示框	英文答案选框	宽度	充满
		背景颜色	白色
		选中项颜色	青色
		文本颜色	黑色
		字号	46
加速度传感器	加速度传感器1	默认设置	

第四节 ▷ 编写程序——识字

这一节要完成对Screen1的编程。

一 屏幕初始化

屏幕初始化包括以下两项任务。

（1）全局变量的声明及初始化；

（2）组件状态初始化，即显示第一张图片——苹果（apple. png）。

1. 声明全局变量

应用中只有以下三个全局变量。

（1）**单词表** 与图片对应的英文单词列表，同时也是图片文件名列表。

（2）**汉字表** 用来保存与图片对应的汉字。

（3）**图片索引值** 当前正在显示的图片，其文件名在单词表中的位置，初始值为1。

单词表中的单词按首字母从a～z的顺序排列，汉字表与单词表一一对应，这两个全局变量其实是常量，在程序运行过程中，它们的值保持不变，代码如图11-6所示。

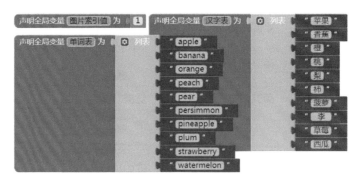

图11-6 在屏幕Screen1中声明全局变量

2. 显示图片

在屏幕初始化时，在画布中显示第一张图片，代码如图11-7所示。

图11-7 在屏幕初始化时在画布中显示第一张图片

虽然显示图片过程里仅有一行代码，但是这行代码在之后的程序中还会用到，因此这里将其定义为过程。上述代码测试结果如图11-8所示。

图11-8 Screen1初始化测试结果

二. 浏览图片

在第9章涂鸦板应用中，几乎用到了画布的全部事件，只有滑动事件没有涉及，现在就补上这一点。如图11-9所示，滑动事件块共有7个参数，其具体含义如下：

（1）*x*坐标、y坐标　表示滑动的起点坐标；

（2）**速度**　表示手指滑动的快慢，单位是像素/秒；

（3）**方向**　表示手指滑动的方向，单位是角度，取值范围为−180～180；

（4）**速度X分量、速度Y分量**　速度在*x*轴、*y*轴上的投影；

（5）**滑到精灵**　如果手指在滑动起点处碰到精灵，则返回"真"，否则返回"假"。

本章只涉及"速度"X"分量"：向右滑动时，速度在*x*轴上的投影与*x*轴正方向相同，因此"速度"X"分量"值大于0；相反，向左滑动时，速度在*x*轴上的投影与*x*轴正方向相反，因此"速度X分量"小于0。

图11-9 画布组件的滑动事件块

在滑动事件中，根据"速度X分量"的值决定向前翻页还是向后翻页，按照惯例，向左滑为向后翻页（图片索引值＋1），向右滑为向前翻页（图片索引值－1），代码如图11-10所示。

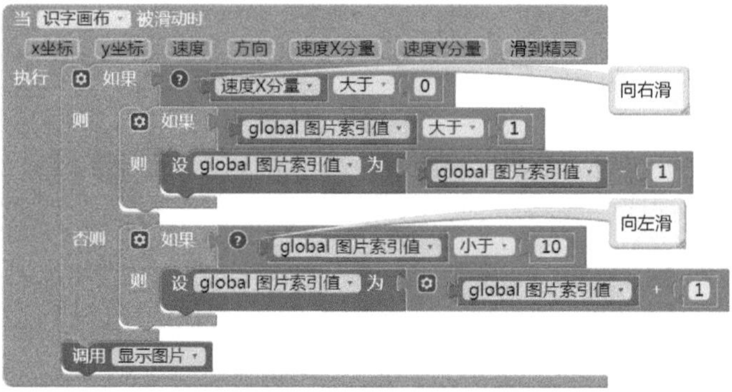

图11-10　在画布的滑动事件中实现翻页

在滑动事件处理程序中，要格外留心图片索引值的边界值（最小值为0，最大值为10），必须为索引值的递增和递减设置限定条件。

三. 查看汉字与单词

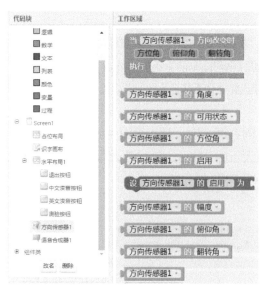

图11-11　方向传感器组件的代码块抽屉

1. 了解方向传感器

项目中添加的方向传感器用于实现图片与文字的切换功能。打开方向传感器组件的代码块抽屉，如图11-11所示，发现共有4个与角度有关的属性，只有了解这些属性的含义，才能正确地使用它们。

如图11-12所示，假设手机放置在水平桌面上，屏幕向上，手机顶端指向目视的正前方，此时各个角度的定义如下：

（1）俯仰角　手机绕x轴旋

转的角度，水平放置时角度为0°，当手机顶端抬起至垂直方向时，角度为−90°，当手机底端向上抬起至垂直方向时，角度为90°。

（2）**翻转角** 手机绕z轴旋转的角度，水平放置时角度为0°，当手机向左翻转至垂直方向时，角度为90°，当手机向右翻转至垂直时，角度为−90°。

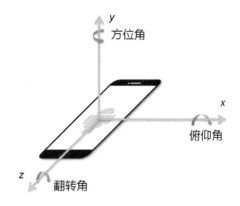

图11-12 方向传感器三个角度的含义

（3）**方位角** 手机绕y轴旋转的角度，取值范围为0°～360°，当手机顶端指向正北时，角度为0°；随着手机的顺时针旋转，角度将逐渐增大（正东为90°、正南为180°、正西为270°）。

（4）**角度** 描述手机倾斜程度的综合值，想象手机屏幕上有一滴水，当手机倾斜时，水流的方向就是角度的方向。

2. 查看汉字与单词

（1）**确定图片与文字切换的角度** 利用方向传感器的翻转角来实现图片与文字的切换功能：当手机水平放置时，显示图片，当手机向左翻转至大于10°（翻转角＞10°）时开始显示单词，当手机向右翻转到大于10°（翻转角＜−10°）时，开始显示汉字。

（2）**画布的写字功能** 在涂鸦板的例子中，我们利用画布的写字功能，将图片文件的存储位置显示在画布的底部，当时并没有关注文字的精确位置，现在来给出解释。写在画布上的文字默认沿水平方向排列，如图11-13所示，"让识字画布写字"块中有三个参数，其中的"x坐标"定位于一段文字的中央，而"y坐标"则定位于这段文字的下沿。如果希望文字显示在画布中央，那么"x坐标"应该等于画布宽度的一半，而"y"坐标应该稍大于画布高度的一半，这里忽略文字的高度，让y＝画布高度/2。

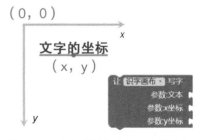

图11-13 文字在画布坐标系中的定位

关于画布的写字功能，还有一点需要说明，那就是文字的字号。在本应用中，要在画布上分别显示汉字和英文单词，相对于方形的汉字而言，英文单词的长度远大于其高度，因而对汉字合适的字号，对英文则不适合。因此，在书写不同文字之前，还要修改画布的字号属性。

（3）显示文字　基于以上知识，先来创建一个带有两个参数的定义过程——显示文字，代码如图11-14所示。

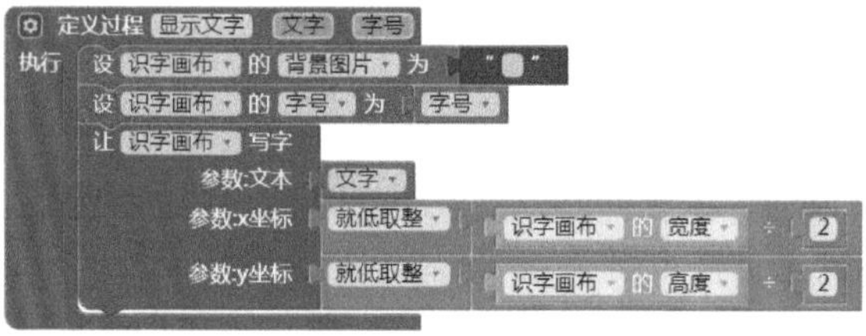

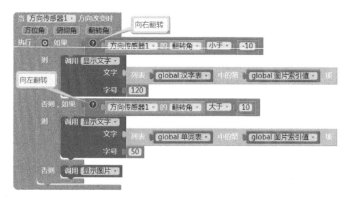

图11-14　定义过程——显示文字

然后在方向传感器的方向改变事件中，调用显示文字及显示图片过程，代码如图11-15所示。

图11-15　用方向传感器实现查看汉字及图片功能

以上实现了用方向传感器控制画布显示内容的功能。上述代码中，翻转角的角度（"10""–10"）以及文字的字号（"120""50"）都使用了硬编码，这不是一个好的编程习惯，应该生成三个全局变量，将这些值保存在变量中，并用变量替代程序中的硬编码。希望读者在编写自己的应用时，能够改进上述代码。

 **四　播放读音**

这项功能在两个读音按钮的点击事件中完成，代码如图11-16所示。

图11-16　利用语音合成器组件播放中、英文读音

五 切换屏幕及退出

　　分别在"测验按钮"及"退出按钮"的点击事件中实现屏幕切换及退出功能，代码如图11-17所示。

图11-17　测试Screen1的识字及切换屏幕功能

　　至此已经实现了Screen1中的全部功能，打开手机进行测试，结果如图11-18所示，语音部分的测试请读者自行完成。

图11-18　实现切换屏幕及退出功能

第五节 ▶ 编写程序——测验

我们以选择题的方式实现测验功能：题目是一张图片，由应用随机选定，有两组备选答案——汉字备选答案及单词备选答案，用户分别选择两组答案中的一个备选项，应用对用户的回答给出判断——显示快乐表情或悲伤表情。

一 屏幕初始化

屏幕初始化时要完成下列任务。

（1）从Screen1中复制全局变量——单词表、汉字表及图片索引值。

（2）随机出题。

① 随机生成图片索引值；

② 根据题目生成中文备选答案；

③ 根据题目生成英文备选答案；

④ 显示题目及备选答案。

1. 复制全局变量

首先在Screen1中将三个全局变量放置在代码背包中，操作方法如图11-19所示，分别在三个代码块上点击右键，选择菜单中的"将代码块放入背包（O）"项，将代码放入背包。

图11-19　将全局变量放在代码背包中

然后点击屏幕操作区的"Screen1"，打开屏幕选择列表，点击"TEST"，切换到TEST屏幕，如图11-20所示。

图11-20　切换到TEST屏幕

在TEST屏幕中点击代码背包，看到里面出现了这三个代码块。分别点击这三个块，将它们从背包中取出。如图11-21所示。注意"图片索引值"块，当背包中的变量被取出后，背包中原来的变量将被重新命名，在原变量名末尾添加数字以示区别。

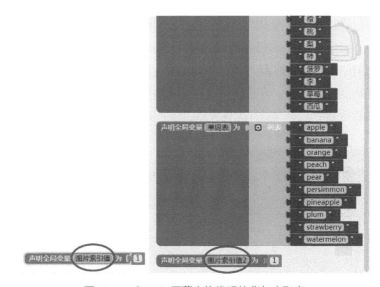

图11-21　在TEST屏幕中将代码从背包中取出

2. 随机出题

要实现随机出题功能，需要经过以下四个步骤。

（1）为图片索引值赋初始值　用1～10之间的随机整数为图片索引值赋值。

（2）生成备选答案　生成一个备选答案列表，其中包含4个不重复的列表项，并包含正确答案。创建一个有返回值的过程——"备选答案"，代码如图11-22所示，参数"全集"指的就是单词表或汉字表。

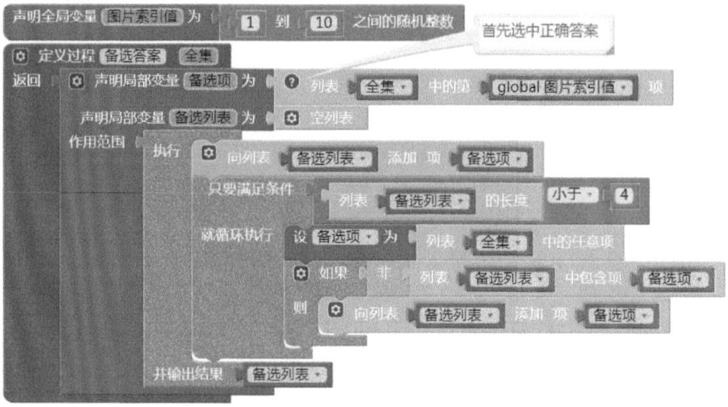

图11-22　创建有返回值的过程——"备选答案"

在"备选答案"过程里，首先从"全集"提取出正确答案，添加到局部变量备选列表中，然后再从"全集"中提取三个不重复的"备选答案"，添加到"备选列表"中，最后以列表的形式返回这四个"备选答案"。

（3）随机放置正确答案　备选答案过程返回的列表不符合测验的要求，因为正确答案始终位于首位。创建一个有返回值的过程——"混排答案"，随机摆放正确答案的位置，代码如图11-23所示。

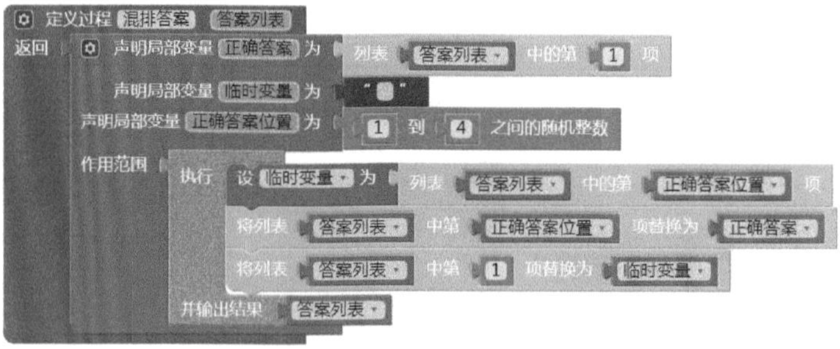

图11-23　创建有返回值的过程——"混排答案"

在混排答案过程里，关键技术是列表项的位置调换。在调换两个列表项的位置时，必须借助于一个"临时变量"，将第一个被调换项暂存到"临时变量"中，用第二个被调换项替换列表中的第一个被调换项，再用"临时变量"替换第二个被调换项。

（4）显示题目及备选答案　在屏幕初始化事件中，调用上述过程，完成组件的初始状态设置，代码如图11-24所示，测试结果如图11-25所示。

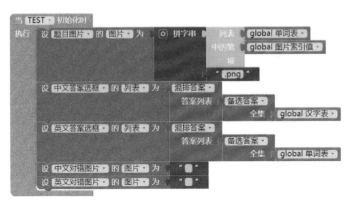

图11-24　在屏幕初始化时显示题目及中、英文备选答案

图11-25　测试TEST屏幕
初始化

答题与判题

　　答题功能由用户来完成：用户在两个列表选择框中选择某一项。判题功能在两个列表显示框的完成选择事件中完成。当用户选择了正确答案时，显示笑脸图片，否则显示沮丧图片。由于对两个列表选择框的完成选择事件的处理方式完全相同，因此有必要创建一个过程，来实现代码的复用。创建一个过程——"判题"，代码如图11-26所示。

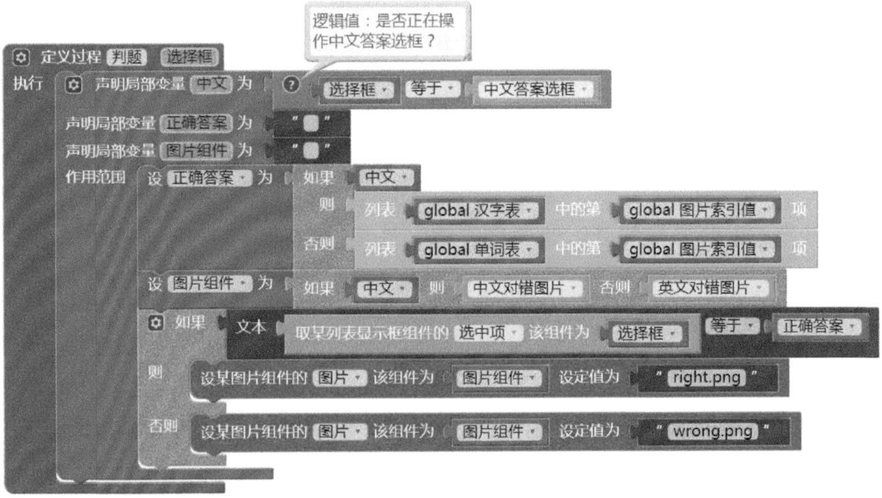

图11-26　定义过程——"判题"

155

判题过程的参数"选择框"为组件对象，过程中声明了局部变量"中文"，其值为逻辑值（真或假）：当参数"选择框"等于"中文答案选框"时，其值为真，否则其值为假。判题过程里两次使用有返回值的条件语句，根据"中文"的值，为两个局部变量赋值。

判题过程中多次使用了组件类代码块，来读取或设置组件的属性，这些代码块看似简单，但理解起来要费些周折，这也是提高代码复用性所付出的代价。

在两个列表显示框的完成选择事件中调用判题过程，代码如图11-27所示，测试结果如图11-28所示。

图11-27　在两个列表显示框中调用判题过程

图11-28　测试：在两个列表显示框的完成选择事件中调用判题过程

1. 生成新题号

出下一题意味着再出一道与当前题目不同的题目，即生成一个随机整数，与当前的图片索引值不相同，但是App Inventor中的随机整数块极有可能连续生成两个相同的随机数，为了避免出现这种情况，我们要对新生成的随机数进行判断，如果新随机数与当前的图片索引值相同，则重新生成一个随机数，直到新的随机数不同于当前的图片索引值。

定义一个有返回值的过程——"新题号"，代码如图11-29所示。

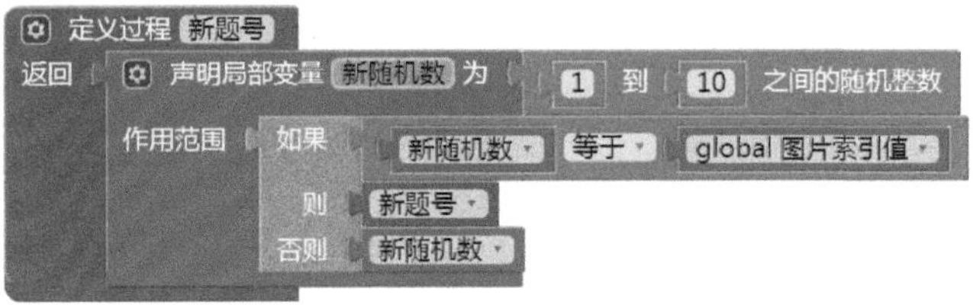

图11-29 定义有返回值的过程——"新题号"

上述代码中使用了递归调用，即一个过程在它的内部调用自己。使用递归调用存在风险，如果对于结束递归的条件设置不当，则有可能使程序陷入死循环，从而导致系统资源耗尽而崩溃。

2. 定义并调用出题过程

在获得了新的题号之后，接下来要显示题目图片及备选答案，实际上，我们已经在TEST屏幕的初始化事件中实现了这些功能，现在将相关的代码封装为过程，然后分别在屏幕初始化及加速度传感器的摇晃事件中调用该过程，代码如图11-30所示。

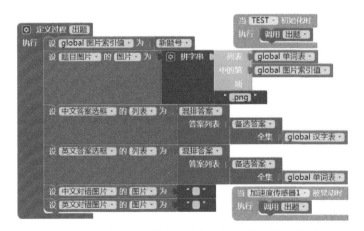

图11-30 定义出题过程并在初始化及摇晃事件中调用该过程

在出题过程里，首先调用新题号过程，为图片索引值赋值，然后根据图片索引值显示题目图片及备选答案。上述程序的测试结果如图11-31所示。

图11-31 测试：出下一题

四 返回Screen1

用户可以随时从测试页返回到识字页，这一功能在返回按钮的点击事件中完成，代码如图11-32（a）所示。图11-32（b）中为另外一种返回Screen1的方法，但是这种方法每次返回都将重新打开Screen1，这将不断增加应用对系统内存的占用，并最终导致应用的意外退出。

（a）　　　　　　　　　　（b）

图11-32 两种返回Screen1的方法

以上我们实现了双语看图识字应用的全部功能，关于这个应用，你有什么独特的想法吗？

第六节 改进与小结

一 关于功能改进

关于这个应用，还有很多值得改进的地方，现列举如下。

（1）考虑到本应用的使用者是幼儿，因此，像Screen1中的测验按钮及TEST中的返回按钮，最好用图标替代文字，来说明按钮的功能。

（2）在识字功能中，用方向传感器来控制图片及文字的显示，无法同时显示图片及文字，这对于幼儿建立图像与文字之间的联系是否有利，还有待商榷。

（3）在识字功能中，目前文字的颜色是默认的黑色，也可以设置成某种亮丽的颜色，或设置成随机颜色。

（4）在测验功能中，除了用表情图片表明对错，还可以用列表显示框的选中项颜色属性来标记对错，例如，正确用绿色标记、错误用红色标记，等等。

以上从应用的实用性方面，列举了几种改进的可能性，相信读者还会有更好的改进思路。

二. 关于技术的改进

在开发测试过程中，发现在谷歌（Google）新、旧两种型号的手机中，Screen1会出现死机现象，另外两款国产手机则运行正常，分析原因，可能是方向传感器过于敏感，致使频繁触发方向改变事件，反复调用事件处理程序，导致系统资源耗尽。以下给出改进的方案，并解释这种改进的理由。

1. 改进方案

（1）**添加计时器组件** 在设计视图中，向Screen1中添加一个计时器组件，设其"一直计时"属性为假，"启用计时"属性为真，"计时间隔"为100毫秒，如图11-33所示。

（2）**方向传感器的方向改变事件**
在Screen1中声明两个全局变量——"文字"（初始值为空）及"汉字"（初始值为真），在方向传感器的方向改变事件中，不直接修改画布的背景图片属性，也不直接在画布上写字，而是改变全局变量的值，修改后的事件处理程序如图11-34所示。

图11-33　在Screen1中添加并设置计时器组件

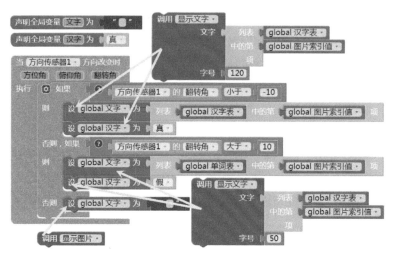

图11-34　在方向传感器的方向改变事件中为全局变量赋值

（3）计时器的计时事件　在计时器的计时事件中，首先声明一个局部变量——"翻转角"，设置其值为方向传感器的翻转角，然后根据翻转角的大小，决定将要显示的内容，代码如图11-35所示。

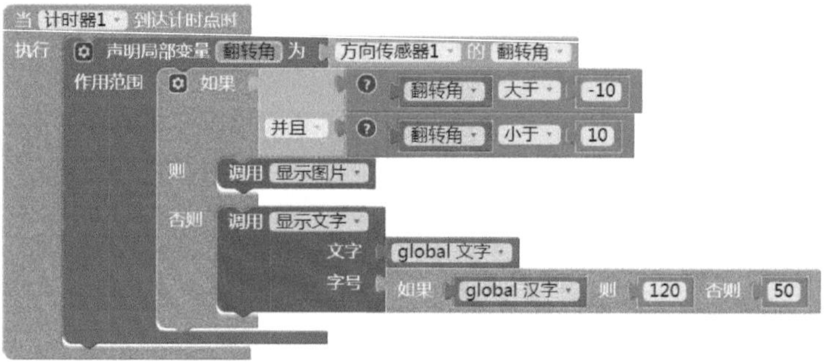

图11-35　在计时器的计时事件中显示文字或图片的代码

经过测试，改进之后的程序在两款谷歌（Google）手机上不再出现死机现象，说明改进的方案是成功的。

2. 对改进方案的解释

我们来做一个实验：在设计视图中将计时器的计时间隔改为1000毫秒，回到编程视图，声明一个全局变量——"运行次数"，设置初始值为0；在方向传感器的方向改变事件（以下简称方向改变事件）中，让变量以1的幅度值递增；在计时事件中，停止计时，并在屏幕的标题栏中显示运行次数。代码及测试结果如

图11-36所示。

图11-36　测试每秒钟方向传感器方向改变事件的触发次数的代码及测试结果

这只是一个粗略的结果，从测试结果可以看出，每秒钟触发12次方向改变事件，这就意味着，改进之前的程序，每秒钟要刷新屏幕12次，而程序改进后，每秒钟刷新屏幕10次。仅从屏幕的刷新次数上看，10次与12次之间的差别并不大，但为什么前者会造成死机呢？

我们需要借用人类大脑的工作方式来解释这个问题。假设我们正在朗读一段文字，这个过程包含以下三个阶段。

（1）眼睛看到文字，将文字的图像传给大脑；

（2）大脑将图像转化为文字；

（3）大脑将文字转变为声音表达出来。

在这个过程中，（1）被称作输入，（2）被称作处理，（3）被称作输出。我们知道，人类朗读的速度是有限的，速度提高的瓶颈在于输入与输出，而不在于处理。这个道理对于计算机也同样适用。在本章的例子中，输入是从传感器中读取翻转角数据，处理是角度之间比较大小，输出是刷新屏幕的显示内容。对于计算机而言，输入和输出操作所占用的时间，要远远大于数据处理的时间，而在一个事件处理程序中，既要输入，又要输出，系统无法提供匹配的资源来保证程序的顺畅运行，因而出现死机现象。

改进后的程序，在方向改变事件中单独执行输入任务，即将传感器的翻转角保存在全局变量中，然后在计时器的计时事件中单独执行输出任务，这样就从时间上将两个耗费资源的任务分开来。我们称改进之前的处理方式为同步处理，而改进后的则称为异步处理。在App Inventor中，事件机制就是一种异步处理方式。现实生活中，打电话是同步通信，而发短信、微信等则是异步通信，前者通信双方的设备必须同时空闲，而后者不受时间限制。

三、本章小结

本章在组件及代码的使用上都有新的尝试，现小结如下。

（1）**方向传感器组件**　这是一座非常好的桥梁，它可以建立起人与机器之间最直接的联系，理解并利用传感器的各种属性（角度、幅度等），可以创造出生动有趣的应用。

（2）**语音合成器**　让文字发音，这是一件神奇的事情，尤其可以帮助我们学习语言。

（3）**多屏应用**　可以在应用中容纳更多的功能，注意不同屏幕之间无法共享组件及全局变量，但可以利用代码背包功能，实现代码的复用。

（4）**列表显示框**　呈现列表类型的数据，并可以利用它的完成选择事件，对用户的操作予以回应。

（5）**列表元素的随机排列**　这是游戏类应用的关键技术，本章使用的是最简单的方法。

（6）**递归调用**　一个过程，在它的内部调用这一过程本身，就构成了递归调用。注意为退出递归设置必要的条件。

CHAPTER
12 > 甲骨文字典

甲骨文是初生的汉字，闪耀着智慧的光芒。

甲骨文字典应用的用户界面如图12-1所示。

图12-1　甲骨文字典的用户界面

第一节　功能描述

这是一个字典类应用，作为一个教学案例，其中包含了20个甲骨文字，主要的功能是查询和阅读，具体功能描述如下。

（1）应用提供对文字的浏览及查询功能。

①用户可以翻看全部文字，以便发现某些感兴趣的字；

②用户可以输入具体的文字，快速找到想要查看的字。

（2）用户点击找到的文字，屏幕上将显示文字的甲骨文图片及文字对应的词条。

第二节 素材准备

如上所述，这是一个功能相对简单的应用，作为开发者，它的难度不在于功能的实现，而在于应用内容的搜集、整理和选择，同时还要兼顾内容的可扩展性。与上一章"双语看图识字"应用相类似，在甲骨文字典应用中，也要显示文字及图片。看图识字应用具有很大的局限性，只能反复学习事先给定的10个汉字，如果要增加新的文字，只能由开发者来完成。向项目中上传新的图片，并扩充中英文文字列表。而作为开发工具的App Inventor也有其局限性，如素材图片必须逐个上传，而且对图片的总容量有所限制（在2018版本中上限为10MB）。就甲骨文字典这个应用而言，我们希望实现程序与内容的分离，即一次性编写程序，此后，开发者和使用者都可以对内容进行扩充或更新。

基于以上考虑，本应用的素材文件无须上传到项目中，而只直接复制到手机的指定文件夹中，因此素材文件可以取中文文件名（在App Inventor中无法上传以汉字命名的素材文件）。需要准备以下三类素材。

（1）**甲骨文图片**　每个文字对应一个图片，图片规格为200×200（像素），文件为PNG格式，文件名为单个汉字。

（2）**汉字列表文件**　文件名为"words.txt"，其中包含与图片对应的汉字，汉字之间以半角逗号分隔。

（3）**字典词条文件**　文件名为"dictionary.txt"，其中包含与汉字对应的词条，词条之间以"##"分隔。

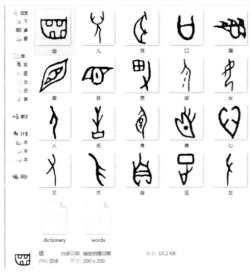

准备好的素材如图12-2所示，两个文本文件在文本编辑软件（Sublime Text）的格式如图12-3所示。

将上述文件复制到手机中，方法如下。

（1）在手机SD卡的根目录下创建一个文件夹，命名为"oracle（甲骨文）"；

（2）将上述文件复制到该文件夹下。

图12-2　存在电脑中的素材文件

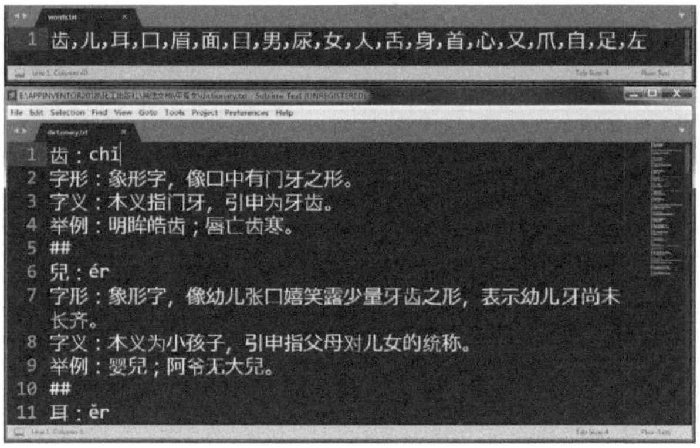

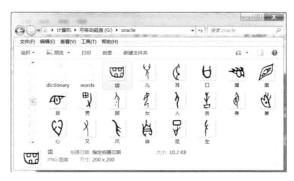

图12-3　文本文件在文本编辑软件的格式

复制完成后的结果如图12-4所示。

图12-4　复制完成后的结果

重要提示：在编辑"words.txt"及"dictionary.txt"这两个文本文件时，推荐使用Sublime Text文本编辑器（网上可以搜到下载地址）。如果使用微软的记事本编辑保存文本文件，文件头处会被添加一个不可见字符，致使在App Inventor中将文本分解为列表时，会多出一个空的列表项（在列表首位），这会为编写程序带来麻烦。

第三节　用户界面设计

创建一个新项目，命名为"甲骨文字典"，向项目中添加组件，如图12-5所示。

图12-5 设计视图中的用户界面

组件列表中显示了项目中的所有组件,其中真正用来呈现信息的只有三个——"汉字列表""图片1"以及"词条标签";最后两个是文件管理器组件——"汉字文件"及"词条文件",它们是非可视组件,用于读取两个文本文件;其余都是布局组件,用于辅助设置页面的布局及颜色,所有布局组件在设计视图中均显示为黑色方框。组件的名称及属性设置见表12-1。

表12-1 组件的名称及属性设置

组件类型	组件名称	属性	属性值
屏幕	Screen1	背景颜色	橙色
		标题	甲骨文字典
		水平、垂直对齐	居中
水平布局	顶部占位布局	高度	3像素
		宽度	充满
水平布局	中央水平布局	高度、宽度	充满
水平布局	左占位布局	高度	4像素
		宽度	充满

续表

组件类型	组件名称	属性	属性值
垂直布局	左垂直布局	高度	充满
		宽度	60像素
		背景颜色	白色
列表显示框	汉字列表	高度	充满
		宽度	57像素
		选中项颜色	橙色
		显示搜索框	勾选
		文本颜色	黑色
		字号	60
垂直布局	右垂直布局	高度、宽度	充满
		背景颜色	白色
		水平对齐	居中
图片	图片1	高度、宽度	180像素（或37%）
水平布局	中间占位布局	背景颜色	橙色
		高度	3像素
		宽度	充满
水平布局	词条水平布局	高度、宽度	充满
水平布局	占位布局	宽度	10像素（避免文字贴近左侧）
标签	词条标签	高度、宽度	充满
		启用HTML格式	勾选
水平布局	右占位布局	高度	充满
		宽度	4像素
水平布局	底部水平布局	高度	4像素
		宽度	充满
文件管理器	汉字文件 词条文件	默认设置	

关于项目中图片组件的高度及宽度，读者可以根据自己手机屏幕的大小进行调整，大约占屏幕高度的37%。另外，有些占位布局在不重要的方向上尺寸为充满，也可以采用默认值"自动"。

第四节　编写程序——屏幕初始化

屏幕初始化的任务包含以下两个步骤。

（1）在屏幕初始化时，用文本管理器组件读取手机"oracle"文件夹中的两个文本文件；

（2）当文件读取成功后，将触发文件管理器的收到文本事件，在该事件中将文本文件的内容解析为程序可以识别的数据格式——列表。

文件管理器组件

打开一个文件管理器组件的代码块抽屉，如图12-6所示。文件管理器组件有四个内置过程块，分别用于读取、删除手机中的文本文件，或将文本内容保存为文件，或向已有文件末尾追加内容，本项目中会用到"读取文件"块，调用该内置过程需要提供文件名参数。文件管理器有两个事件，即完成文件保存事件及收到文本事件，本项目中只涉及收到文本事件。

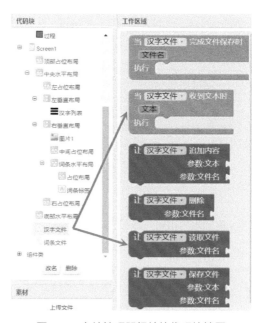

图12-6　文件管理器组件的代码块抽屉

二. 文件路径的写法

对于文件管理器组件而言，默认的文件位置为手机的SD卡根目录，如果文本文件直接存放在SD卡根目录下，文件路径为文件名。本项目中将文件保存在根目录下"oracle"文件夹内，因此，文件路径写为"/oracle/words.txt"及"/oracle/dictionary.txt"。

三. 编写屏幕初始化程序

如图12-7所示，在屏幕初始化时，分别用两个不同的文件管理器读取两个文本文件。

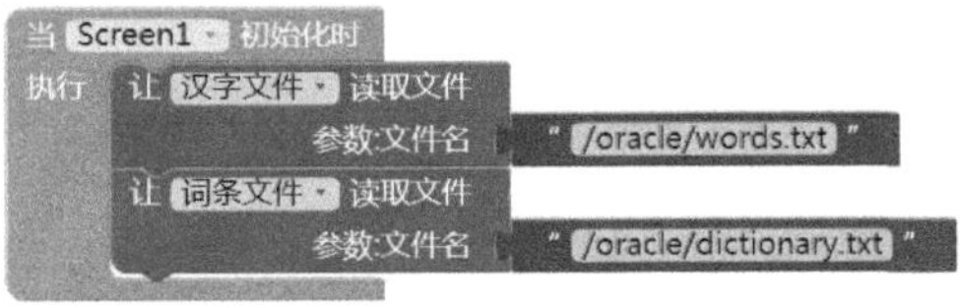

图12-7 在屏幕初始化时读取手机中的文本文件

四. 处理收到文本事件

首先声明两个全局变量——"文字"与"字典"，设置其初始值为"空列表"，然后分别在两个文件管理器组件的收到文本事件中，为这两个变量赋值，代码如图12-8所示。

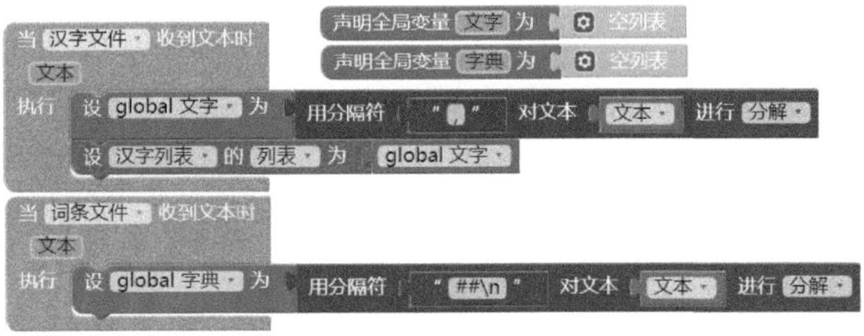

图12-8 在文件管理器组件的收到文本事件中为全局变量赋值

在"猜字谜"一章中，我们使用了"用空格分解"块，该块可以将一段包含若干个空格的文本转化为列表，与之类似，"用分隔符分解"块的作用也是将一段文本分解为列表，不同的是，这里的分隔符可以由开发者自己来定义，这里用

图12-9 屏幕初始化及
相关程序的测试结果

半角逗号","及"##\n"来分解两个文本文件中的文本，分别获得文字列表及字典列表。在为文字列表赋值的同时，将该列表设置为列表显示框组件的列表属性。连接AI伴侣进行测试，结果如图12-9所示。

大家可能会有疑问，用一个文件管理器是否可以实现以上功能？答案是肯定的。如果只有一个文件管理器，那么这个文件管理器将执行两次读取文件过程，必然也会两次触发收到文本事件，此时需要判断事件来自哪一次读取操作。在收到文本事件所携带的参数"文本"中，两个文件包含的内容不同，如字典文件中包含字符"##"，可以检查文本中是否包含该字符，从而决定如何处理已经收到的文本。有兴趣的读者不妨自己试试看。

第五节 编写程序——显示图片

在上一节中，屏幕左侧的汉字列表已经能够显示全部的汉字，当用户从中选中某个汉字时，要利用图片组件显示该汉字对应的甲骨文图片，同时显示字典中相应的词条，本节要实现显示图片功能。

一 图片文件路径的写法

App Inventor的图片组件用于显示图片，图片的来源可以是上传到项目中的素材文件，此时只要设置图片组件的图片属性为文件名即可。图片也可以来自项目以外，一种可能的来源是网络，此时图片属性必须设置为图片文件的URL地址；另一种可能的来源是手机的存储设备，此时图片属性必须设置为图片文件的完整路径。对于本项目而言，以"齿"字为例，图片文件的完整访问路径为："file:///mnt/sdcard/oracle/齿.png"，这样的路径写法不同于此前使用文件管理器读取文本文件的路径写法，请读者注意加以区分。

声明全局变量 路径 为 " file:///mnt/sdcard/oracle/ "

图12-10 用变量保存图片路径中不变的部分

为了简化代码，声明一个全局变量——"路径"，用来保存文件路径中前面不变的部分，代码如图12-10所示。

二　显示甲骨文图片

在汉字列表的完成选择事件中，设置"图片1"的图片属性，代码如图12-11所示，用拼字串的方式设置图片文件的访问路径，其中汉字列表的选中项正是图片文件的文件名，程序的测试结果如图12-12所示。

图12-11　在汉字列表的完成选择事件中显示甲骨文图片的代码

图12-12　测试：选中文字后显示对应的甲骨文图片

第六节　编写程序——显示词条

在设置词条标签的属性时，勾选了"启用HTML格式"选框，这是为了在同一个标签中显示不同样式的文字。那么究竟什么是"HTML"呢?

一　HTML简介

HTML是Hyper Text Markup Language的缩写，译作"超文本标记语言"。这

个名称听起来非常怪异且陌生，令人有一种"识字"却"不解其意"的感觉。但是如果说它是一种"排版语言"，或许更容易理解。

在互联网诞生之初，网页最初的功能是用来分享科学论文，为了更好地呈现论文的内容，人们创建了HTML语言，从HTML语言的基本要素中，可以理解这一点。

1. 词汇

一种语言，之所以称其为语言，一定少不了词汇与语法两项内容，下面给出几个简单的HTML词汇，帮助理解这个语言的作用。

（1）**标题**　h1、h2…h6（h＝head），从1~6标题字号依次变小，标题单独占一行。

（2）**段落**　p（p＝paragraph），就像书中的段落一样，段落内的文字会根据容器的宽度自动调整行宽。

（3）**图片**　img（img＝image），需要设置图片的来源。

（4）**粗体**　b（b＝bold），对部分文字加粗，不换行。

（5）**换行**　br（br＝break）。

2. 语法

有了词汇，还要将它们按照一定规则表示出来，以下列举几条最简单的HTML语法规则。

（1）标签。HTML的词汇必须以尖括号来包围，如<h1>、<p>，这些带尖括号的词汇被称作标签。

（2）成对使用的标签。大部分标签必须成对使用，如<h1>…</h1>，其中<h1>被称为首标签，</h1>被称作尾标签，被标记的内容必须写在首尾标签之间，如<h1>文章标题</h1>。

（3）标签之间禁止交叉。成对使用的标签可以嵌套使用，但不允许存在交叉。

① 正确嵌套：<p>在这个段落中，有些词需要加粗显示。</p>

② 交叉错误：<p>在这个段落中，有些词需要加粗</p>显示。

（4）有些标签可以单独使用，单独使用的标签要在尾部添加"/"，如
。

以上关于HTML语言的解释，已经可以满足本章所需，不过在正式设置"词条标签"的显示文本之前，还须对词条内容加以梳理。

二. 显示词条

每个甲骨文字所对应的词条中，都包含了4项内容（4行）：读音、字形、字义及举例，这些内容将以不同的格式显示在标签组件中，如图12-13所示，为此，首先需要将词条内容分解为一个四项列表，其中的每个列表项再用"："加以分隔，分解为两个列表项。一旦词条中的信息被分解成可以单独处理的列表项，我们就可以使用HTML标签设置它们的格式了。

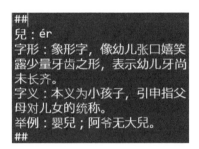 

图12-13　从普通文本到HTML格式的文本

1. 词条分解

创建一个有返回值的过程——四项列表，代码如图12-14所示。

图12-14　有返回值的过程——四项列表的代码

在上述过程里，首先用"\n"将词条分解为四项列表，然后再针对四项列表中的每一项，用"："进行分解（注意是全角的"："），最终返回一个二级列表，以"齿"字为例，返回的列表格式如图12-15所示。

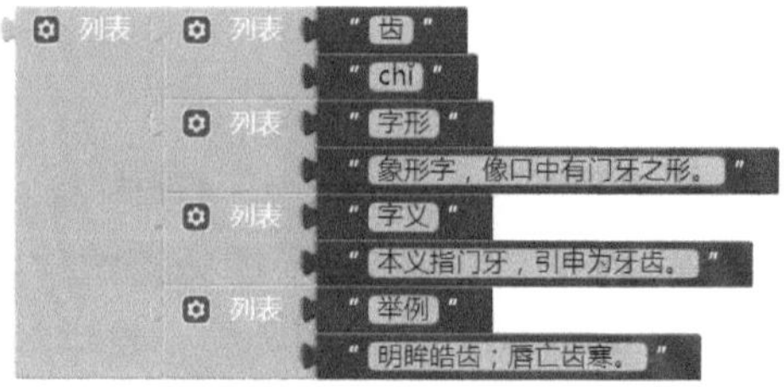

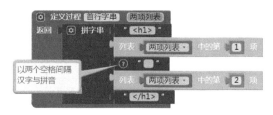

图12-15　返回的列表格式

2. 拼写字串

有了四项列表，下面针对其中的各个列表项，逐一设置显示格式。先来处理第一行——显示汉字及拼音。创建一个有返回值的过程——"首行字串"，代码如图12-16所示。

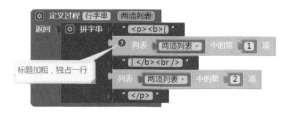

图12-16　有返回值过程——"首行字串"的代码

再来处理后面的三行，创建有返回值过程——"行字串"，代码如图12-17所示。

图12-17　有返回值过程——"行字串"的代码

3. 显示词条

在汉字列表的完成选择事件中，完成对词条标签显示内容的设置，代码如图12-18所示。

图12-18　在汉字列表的完成选择事件中显示词条内容

至此，已经完成了图片及词条内容的显示，我们来测试一下，测试结果如图12-19所示。

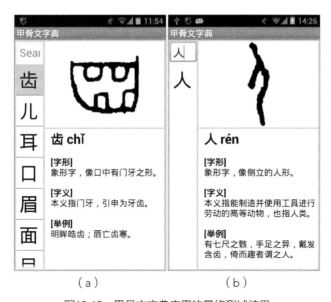

（a）　　　　　　　　　　（b）

图12-19　甲骨文字典应用的最终测试结果

图12-19（b）中显示了搜索的结果：在汉字列表的搜索框中输入"人"字，列表将进行自动搜索并显示搜索结果。这是列表显示框的默认功能，只要勾选"显示搜索框"选框，搜索将自动完成。删除搜索框中的内容，列表显示框将恢复显示完整的列表项。

第七节 改进与小结

1. 素材文件

如前文所述，这个应用对素材文件的处理方法不同于之前的章节，这是为了字典内容扩展和更新的方便，但将文件保存在手机里的方式，势必给使用者带来额外的负担。作为开发者，如果希望有更多人使用你的作品，就要尽量降低作品的使用门槛，最好的方法是实现内容的自动更新。如果有可能，将素材文件保存在互联网上，这样，开发者可以随时更新字典内容（图片及文字），而用户也可以在第一时间体验到新内容带来的喜悦。

2. 添加作品简介

图12-20　应用启动后的用户界面

本应用启动后，用户界面左侧显示汉字列表，右侧用于显示图片及文字的部分空空如也，下面还显示"标签1"的文字，如图12-20所示，这会破坏用户对作品的印象。建议利用图片组件显示一张甲骨文的真实图片，并在下方的词条标签上显示作品简介及开发者信息，加强用户对作品的信心，以及未来对作品更新的期待。

（1）在开发作品之前，考虑作品的可扩展性；

（2）素材文件除了可以上传到项目中，也可以存放在本地（手机存储卡）或网络上；

（3）使用文件管理器读取本地的文本文件；

（4）不同组件在访问本地文件时，路径的写法不同；

（5）利用布局组件创建美观的用户界面；

（6）初步了解HTML语言，让标签组件更具表现力。

CHAPTER 13 > 数学实验室——求圆周率

圆形是一个几何图形，太阳是圆形的，满月是圆形的，地球和人们的头颅也近乎是圆形的（严格来说是球体），向日葵及其他许多植物的花朵，也近似于圆形。然而当我们面对这些圆形的时候，会产生去测量它们的动机吗？无论是周长，还是面积，我们测量这些有什么用处呢？

扫一扫，看视频

在古埃及，国王为了向土地种植者征收税赋，要严格测量土地面积，而一年一度的尼罗河水泛滥，淹没了土地上划定的标记，于是测量和标定的工作年复一年，这也造就了古埃及在算数、几何及代数方面的成就。测量的动机来自人类生产及生活的需要，可以想象，测量和标定土地所使用的几何图形，一般是方形、梯形或三角形等，有谁会考虑用圆形来划分土地呢？

怀着这样的困惑，我们来挑战一下这个与圆形相关的无限不循环小数——圆周率。

圆周率（π）指的是圆形的周长与直径的比值。在开始着手用程序解决问题之前，我们会首先给出解决问题的数学依据，然后将数学方法转化为程序方法，并最终用程序解决问题。

以下用两种方法来求解这个问题，它们分别是概率法及多边形法。

第一节 概率法求圆周率

一 解法的数学依据

如图13-1所示，正方形和圆形绘制在同一个平面直角坐标系中（x轴向右为正，y轴向下为正），正方形四个边与圆形相切，设圆的半径R为50，则正方形边长为100，圆心O的坐标

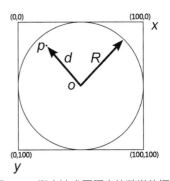
图13-1 概率法求圆周率的数学依据

为（50，50）。

1. 两点间距离公式

如图13-1所示，在正方形的范围内随机选择一个点P，设它的坐标为（x，y），P到圆心O的距离为d，则d与x、y的关系如下：

$$d^2 = (x-50)^2 + (y-50)^2 \qquad （勾股定理） \qquad （13-1）$$

当$d \leq R$时，即$d^2 \leq 2500$时，P点位于圆上（圆上＝圆周＋圆内）。

2. 面积公式

（1）正方形面积：$S_0 = 2R \cdot 2R = 4R^2$

（2）圆的面积：$S = \pi \cdot R^2$

3. 概率与面积成正比

按照概率理论，正方形范围内的任意一个随机生成的点P落在圆上的可能性与圆的面积成正比例，现在假设共有T个随机点，其中落在圆上的有N个点，则有：

$$\frac{N}{T} = \frac{圆的面积}{正方形面积}$$

即：

$$\frac{N}{T} = \frac{\pi \cdot R^2}{4R^2} = \frac{\pi}{4}$$

由此导出

$$\pi = 4 \cdot \frac{N}{T} \qquad （13-2）$$

假设现在有10000个随机点落在正方形范围内，假设落在圆上的点数为N，则有：

$$\pi = 4 \cdot \frac{N}{10000} = \frac{N}{2500} \qquad （13-3）$$

二　解法的程序实现

上述三个公式提供了解决问题的数学方法，需要将数学方法转化为程序方法。

（1）利用循环语句生成10000个随机点P；

（2）P点的坐标（x，y）可以由随机整数生成；

（3）由式（13-1）求出d^2后，程序会判断P点是否在圆上，并统计N的值；

（4）根据式（13-3）求出圆周率（π）。

1. 用户界面设计

有了上述分析，可以开始写程序了。在App Inventor中创建一个新项目，向项目中添加组件，并设置相关属性，如图13-2所示。

图13-2　圆周率项目的用户界面

（1）**Screen1**　标题：圆周率。水平对齐：居中。

（2）**按钮**　命名为"概率法求解按钮"，显示文本与名称相同。

（3）**标签**　命名为"概率法计算结果"。

2. 编写程序

将开发工具切换到编程视图，编写按钮的点击程序。代码如图13-3所示。

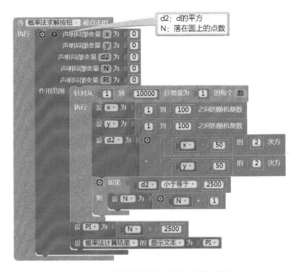

图13-3　计算圆周率的程序的代码

下面对上述程序进行测试，结果如图13-4所示。

图13-4　10000个点的测试结果

三、尝试改进程序

图13-5　在项目中新增一个文本输入框组件

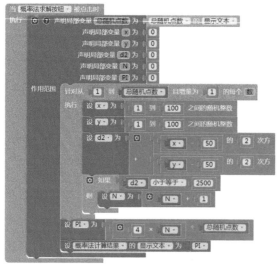

图13-6　修改总随机点数的程序

你可能会想，上面的测试结果与人所共知的3.14159还有很大差别，能否改进程序，让计算结果更接近标准值呢？

比较容易想到的方法是加大随机点数。在项目中添加一个水平布局组件（"水平布局1"），设其宽度为充满，再向"水平布局1"中添加一个文本输入框组件，命名为"总随机点数"，宽度为充满，且仅限输入数字，将按钮组件移入"水平布局1"，如图13-5所示。

在输入框中输入不同的总随机点数，看看计算结果是否有所改善。这次直接使用式（13-2），修改后的程序如图13-6所示。

对上述程序进行测试，测试结果如表13-1所列。测试结果显示，增加总随机点数，对计算结果的影响并不明显。测试过程中，随着总点数的增加，程序的运行时间也随之增加，按钮在运算完成之前，显示为橙色。

表13-1　增加总随机点数对计算结果的影响

总随机点数/万	0.5	1	1.5	2	2.5	3	3.5	4
计算结果	3.172	3.1384	3.13193	3.1416	3.13056	3.13547	3.1328	3.1506
总随机点数/万	5	6	7	8	9	10	20	
计算结果	3.15624	3.1418	3.1464	3.14035	3.13698	3.14392	3.1325	

　　为了证明计算结果与总随机点数无关，采用另外一种测试方法，保持总随机点数为20000，反复测试10次，结果如表13-2所列。

表13-2　总随机点数为20000时的测试结果

测试次数	1	2	3	4	5	6	7	8	9	10
计算结果	3.1426	3.1268	3.1292	3.1102	3.1508	3.1616	3.1408	3.1342	3.1514	3.1554

　　测试结果表明总随机点数对计算结果的影响也具有随机性，看来这一方法得出的数据无法用于对精确度要求较高的计算，如计算卫星轨道等。

第二节　多边形法求圆周率

一　解法的数学依据

　　在圆形的内部做内接正多边形，计算多边形的周长，当多边形的边数增大时，多边形周长趋近于圆形的周长，利用计算机强大的运算能力，可以很容易地计算出精确度很高的圆周率值。

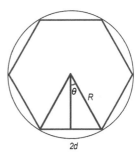

图13-7　多边形法求圆周率的数学依据

在图13-7中，内接多边形为正六边形，以此为例，给出多边形周长的计算公式。

假设圆的半径为R，正多边形边数为N，正多边形的边长为$2d$，周长为L，则有下列计算公式。

圆心角θ：$\theta = 360° / (2N)$

由此得出边长：$2d = 2R\sin\theta$

正多边形周长：$L = 2dN$

由上述三个公式得出：$L = 2NR\sin(180° / N)$

基于以上公式，以及圆周率的定义：$\pi = L/2R$

可以得出圆周率的计算公式：$\pi = N\sin(180° / N)$

二、解法的程序实现

在现有的圆周率项目的设计视图中，添加组件，并设置组件的相关属性，如图13-8所示。

图13-8 为多边形法求解圆周率添加组件

（1）水平布局（水平布局2） 宽度：充满。

（2）文本输入框 放在"水平布局2"中，命名为"多边形边数"，宽度：充满，勾选"仅限数字"属性。

（3）按钮 放在"水平布局2"中，命名为"多边形法求解按钮"，显示文本与组件名称相同。

（4）标签 放在"水平布局2"下方，命名为"多边形法求解结果"。

将开发工具切换到编程视图，编写多边形求解按钮的点击程序，代码如图13-9所示，测试结果如图13-10所示。

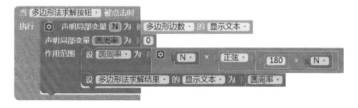

图13-9 多边形法求圆周率的程序的代码

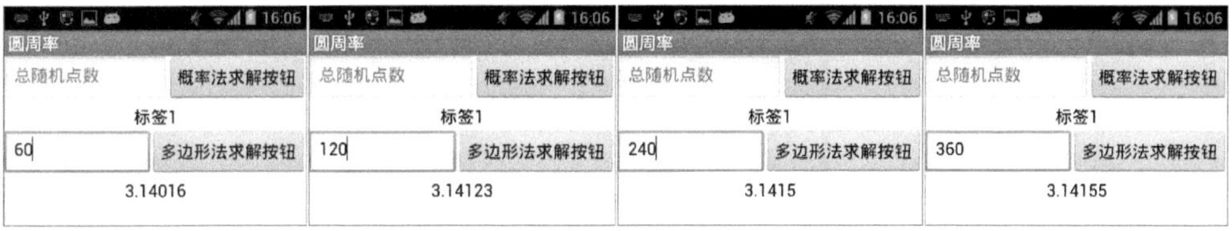

图13-10　多边形法求圆周率的测试结果

从测试结果上看，多边形法在正多边形边数为60时，就已经可以获得3.14这样的近似值了，而且随着边数的增加，精确度也随之增加。有兴趣的读者可以编写一段程序，试试看N的值为多大时，圆周率等于3.14159（更精确的值超出了App Inventor的处理能力）。

第三节　图示多边形解法

为了加深对多边形解法的理解，我们利用画布组件来绘制正多边形，并观察随着边数N的增加，多边形的变化趋势。

一　绘制多边形的数学依据

我们将使用画布组件绘制多边形。所谓绘制多边形，就是绘制N条线段——多边形的N条边，在画布中绘制线段的关键在于求出线段起点及终点的坐标。在第9章涂鸦板中我们简单地介绍了画布坐标系，在画布坐标系中，长度的单位是像素，x轴正方向指向屏幕右方，y轴正方向指向屏幕下方，如图13-11所示。除此之外，另一个重要的概念是角度，在画布坐标系中，x轴正方向的角度为0°，顺时针方向是角度递增的方向，对于图中的正六边形而言，每条线段对应的圆心角 $\alpha = 360°/6 = 60°$。有了这些知识，再利用一些简单的三角函数知识，我们就可以计算出多边形每个顶点的坐标，自然也就获得了每条线段起点和终点的坐标。

假设图13-11中圆心O的坐标为（x_0，y_0），计算的起点P位于圆心正右方的圆周上，线段OP对应的角度为0°，因此第一条线段的起点坐标为（$x_0 + R$，y_0），终点坐标为（$x_0 + R \cdot \cos\alpha$，$y_0 + R \cdot \sin\alpha$），而第一条线段的终点又是第二条线段的起点，以此类推，可以得出第N条线段的起点及终点坐标公式如下。

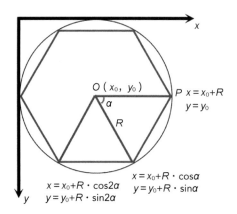

图13-11　计算多边形各边的起点及终点坐标

起点坐标：$(x_0 + R \cdot \cos[(N-1) \cdot \alpha], y_0 + R \cdot \sin[(N-1) \cdot \alpha])$

终点坐标：$(x_0 + R \cdot \cos(N \cdot \alpha), y_0 + R \cdot \sin(N \cdot \alpha))$

读者可以将$N=1$、2带入上述公式，检验其正确性。

二、绘制多边形

在现有项目的设计视图中添加一个画布组件，设其宽和高均为300像素，设画笔线宽为1，背景颜色为橙色，然后将开发工具切换到编程视图。首先声明三个全局变量——x_0、y_0及R，其中x_0和y_0为圆心坐标，初始值为"150""150"（确保圆位于画布中央），"R"为半径，初始值为"120"。然后创建两个有返回值的过程——xy，根据参数圆心角及整数N计算出对应点的x、y坐标，代码如图13-12所示。

图13-12　声明全局变量并创建有返回值的过程求x、y坐标的代码

再创建一个过程——绘制多边形，代码如图13-13所示。在这一过程里调用"x""y"过程，并利用循环语句绘制多边形。

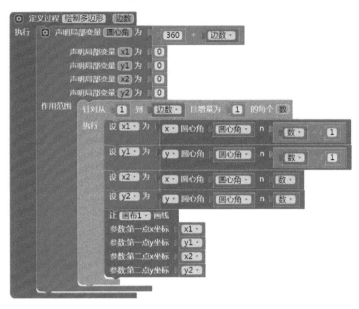

图13-13　创建绘制多边形过程的代码

最后，在多边形求解按钮的点击事件中调用绘制多边形过程，代码如图13-14所示。

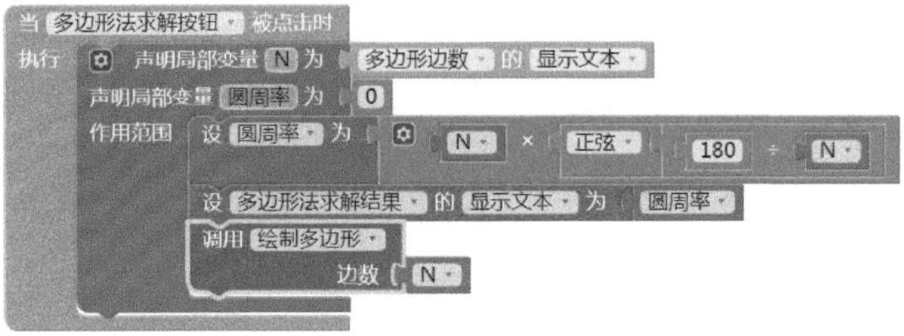

图13-14　在多边形求解按钮的点击事件中调用绘制多边形过程的代码

在正式开始测试之前，还有一项重要的任务，那就是绘制一个圆心坐标为（150，150）、半径为120的圆形，以便观察多边形与圆形的关系。在屏幕初始化程序中绘制圆形，代码如图13-15所示。

下面可以开始测试了，分别设多边形边数为6、12及24，测试结果如图13-16所示。

图13-15　在屏幕初始化时在画布上绘制圆形的代码

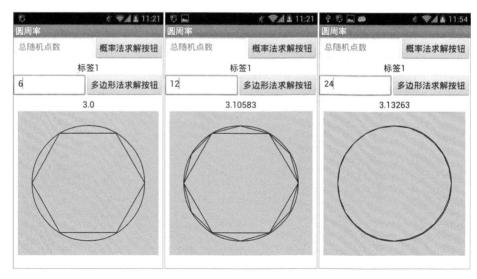

图13-16　测试：绘制正多边形

　　测试结果告诉我们，当多边形边数增加时，多边形向圆形贴近，因此，多边形的周长也趋近于圆形的周长，而圆周率也逐渐趋近于3.14。由于屏幕分辨率的原因，当边数＝24时，多边形几乎与圆形合为一体。有兴趣的读者可以自行测试边数更多的多边形并观察测试结果。

第四节　小结

　　本章用两种方法求圆周率，并用绘图的方法演示了多边形法的原理，这个例子本身虽然简单，但解决问题的方法具有典型性。当我们面对现实世界中的真实问题时，如果想利用计算机来解决问题，那么第一步需要将现实世界的问题转化为数学问题，第二步是将数学问题转化为程序问题，然后再用程序来解决问题。

　　在这个项目中，我们将更多的注意力聚焦在解决问题的方法上，而忽略了对用户界面的布局和装饰，只求它能显示计算结果。

彩蛋如落雪一般从天而降，玩家手执小筐迎接彩蛋，最不能错过的就是那枚黄灿灿的金蛋，不过要小心那些标着"－8"的"坏蛋"，如图14-1所示。这是一款简单而且有趣的小游戏，在规定时间内，看谁得分最多，并记录最高得分。

图14-1 接彩蛋游戏

第一节 功能描述

对于游戏功能的描述像是一个剧本，在故事开始之前，要给出一个出场人物清单，然后，再依照时间顺序，展开与人物相关的事件，当然，任何事件都会有它发生的地点。

本章将要讲解的接彩蛋游戏是一个单人游戏，以下我们依次介绍游戏的功能。

（1）一类人物——彩蛋　共有四种不同类型的彩蛋。

① 绿蛋：出现概率最多的彩蛋，每接到一个绿蛋得1分。

② 蓝蛋：出现概率少于绿蛋，每接到一个蓝蛋得5分。

③ 金蛋：出现概率最小的彩蛋，每接到一个金蛋得15分。

④ 坏蛋：出现概率与蓝蛋相同，每接到一个坏蛋减8分。

（2）二类人物——小筐　用来接住彩蛋。

（3）时间长度　游戏时长为60秒。

（4）时间点1——游戏启动　游戏剩余时间为60秒，得分为0，零星的彩蛋开始出现在屏幕顶部，小筐出现在屏幕上。

（5）时间点2——彩蛋下落　屏幕顶端的彩蛋开始下落，游戏剩余时间逐渐减少，同时，屏幕顶端会出现新的彩蛋，彩蛋落到屏幕底部时消失。

（6）时间点3——接住彩蛋　玩家拖动小筐，让小筐在屏幕底部水平移动，如果小筐碰到彩蛋，则彩蛋落入筐中（彩蛋消失），分数增加或减少；如果接到金蛋，则发出响铃声，如果接到坏蛋，手机产生振动。

（7）时间点4——游戏结束　当游戏剩余时间减少至0时，游戏结束，弹出选择对话框，显示历史纪录及本次得分，并提供三个选项，退出、清除纪录及返回。

（8）时间点5——用户选择　针对玩家的不同选择，执行相应的程序。

第二节 ▷ 实现游戏功能的关键技术

但凡复杂一些的游戏类应用中，都少不了计时器、随机数及列表这三件利器，而带有动画功能的游戏中，还少不了画布和精灵这两个组件。在正式开始创建项目、编写程序之前，先将本游戏中涉及的关键技术加以介绍。

一　画布与精灵

1. 精灵的定位

本章将使用画布与精灵这两个组件实现游戏的核心功能，如同戏剧中的舞台和角色，画布是舞台，精灵是角色，精灵只能在画布内部移动，通过设置精灵在画布坐标系中的 x、y 坐标来控制精灵的移动。

在第9章涂鸦板与第13章数学实验室——求圆周率两章中我们使用过画布组件，并对画布坐标系有所了解，本章引入的精灵

图14-2　精灵在画布坐标系中的定位方式

组件可以在画布范围内自由移动，它们在画布坐标系中的定位方式如图14-2所示。

精灵组件以其外部的矩形轮廓为边界，矩形的左上角是定位的基准点，例如图14-2中的坏蛋精灵，它的x坐标等于矩形左边界到y轴的距离，它的y坐标等于矩形的上边界到x轴的距离。由于精灵只能在画布内部移动，因此，精灵x、y坐标的最小值为0，精灵x坐标的最大值 = 画布宽度 − 精灵宽度，同理，精灵y坐标的最大值 = 画布高度 − 精灵高度。

2. 精灵与动画

在接彩蛋游戏中，我们希望精灵从屏幕顶端开始下落，并在触底或碰到小筐后消失。可以把下落的过程看作一个动画，每隔一定时间精灵的y坐标增加某个固定的值，这个固定的值称为y坐标的增量（可以理解为精灵的下降速度）。动画的产生需要精灵与计时器这两个组件的协同配合。动画的效果与下列因素有关。

（1）计时器的计时间隔　影响动画的平滑程度，如果间隔太长（如1秒），动画会有跳动感。

（2）精灵的y坐标增量　影响精灵的下降速度，速度太慢或太快，都会影响游戏的趣味性。

有一个常识想必大家都有所了解，就是电影的放映原理。利用人类的视觉残留，将若干个静态的画面连续播放，就会产生动态的效果。通常电影的播放速度是每秒钟25帧，即每秒钟播放25个静态画面，两个静态画面之间的时间间隔为$1000/25 = 40$毫秒。这样的播放速度对应到游戏里，意味着计时器的计时间隔为40毫秒。不过为了计算的方便，游戏中采用的计时间隔为50毫秒，即每秒钟发生20次计时事件。

假设精灵y坐标的增量为10像素，那么从理论上讲，精灵每秒钟将下落200像素，如果画布的高度为400像素，那么精灵从顶部下落到底部所需的时间为2秒。但是实际上，在每一次计时事件中，都要执行一系列的指令，同时还要刷新屏幕的显示内容，因此，实际的下落速度比理论值要慢。本游戏设精灵在每次计时事件中下落10像素，即，精灵的下降速度为10像素/50毫秒，相当于200像素/秒。

3. 精灵的受控移动

游戏中用来接彩蛋的小筐也是一个精灵组件。就像画布组件具有"拖动"事件一样，精灵组件也可以被"拖动"，拖动事件携带了起点、邻点及当前点的

x、y坐标，利用当前点的坐标，可以获取当前玩家手指的位置。设小筐的y坐标为固定值，设小筐的x坐标等于当前点的x坐标，这样小筐就会随着玩家手指一起在水平方向上移动。玩家通过控制小筐的位置，可以接到得分的彩蛋，并避开坏蛋。

4. 碰撞检测

当精灵在下落过程中碰到小筐时，就会触发精灵的碰撞事件，利用精灵的碰撞事件，可以实现游戏的"接蛋"功能。在应用中，为小筐精灵编写碰撞事件的处理程序，在碰撞事件中实现分数的计算以及画面的更新（让彩蛋消失）。

二 随机行为

在App Inventor中有以下三种产生随机行为的方法。

（1）随机整数。在任意给定的两个整数之间生成一个随机整数。

（2）随机小数。生成一个介于0~1之间的随机小数，如0.38443，小数位最多只有5位。

（3）从列表中选取任意列表项。相当于在1到列表长度之间生成一个随机整数，并以此随机整数为索引值选取列表项，所谓索引值，指的是列表项在列表中的位置（排序的序号）。

随机行为用来制造游戏过程中的不确定性，以此增加游戏的趣味性，同时也可以用来控制游戏的难度。在接彩蛋游戏中，利用随机整数及随机小数来实现以下三项功能。

（1）用随机整数设置精灵的x坐标。在设置精灵的初始位置时，设y坐标为0，设x坐标为随机整数N，N的最小值＝0，最大值＝画布宽度－精灵宽度。

（2）根据随机小数的值设置不同类型彩蛋的比例，如，当随机小数＜0.1时，设精灵的图片为"15.png"（显示金蛋，显现比例为10%）。

（3）利用随机小数控制彩蛋的显现时机（只有显现出来的彩蛋才能下落），具体方法如下。

① 游戏初始化时，隐藏全部彩蛋精灵；

② 在每次计时事件中，对于处于隐藏状态的精灵，当随机小数＜0.05时（比例为5%），精灵由隐藏转为显现，并开始下落；

③ 每次精灵触底或触碰到小筐后，隐藏该精灵，令其重新回到屏幕顶部（y坐标为0），并设置精灵的x坐标为随机整数。

三. 组件对象列表与组件类代码块

在接彩蛋游戏中，我们必须在每一次计时事件中控制每一个彩蛋精灵的行为，为此，最有效的办法是将这些彩蛋精灵存放在列表中，然后在计时器的计时事件中，利用循环语句逐一获取精灵组件的当前状态，如y坐标是否可见，并控制每个精灵组件的行为，如下落、触底隐藏等。

在第7章九键琴的例子中，我们已经详细介绍过组件对象、组件对象列表及组件类代码块的使用方法，这里不再重复讲解。

四. 计时器的两种用法

在接彩蛋的项目中将使用两个计时器，分别命名为"启动计时器"与"游戏计时器"，在设计视图中设置这两个计时器的启用计时属性为假，一直计时属性也为假，前者的计时间隔为10毫秒，后者为50毫秒，这两个计时器担当的任务有所不同。

1. 延时功能

在屏幕初始化时，应用将完成全局变量的赋值（初始值）以及全部组件的创建，但是在屏幕初始化事件发生时，无法确认每个具体的组件是否已经按照预先设计的样子"各就各位"，也就是说，这时还无法准确地获取组件的属性值。

在接彩蛋游戏中，我们用画布组件作为精灵的容器，精灵随机出现在画布的顶端，精灵的x坐标取0到最大值（画布宽度－精灵宽度）之间的随机整数，这一效果的实现要依赖于精确的计算，而计算的依据之一就是画布的宽度。因此精确地获取画布的宽度，是实现游戏功能的前提，而启动计时器的作用就是在屏幕初始化结束10毫秒后，获取画布的宽度，同时停止启动计时器，启动游戏计时器。

2. 时钟功能

游戏计时器一旦启动，便宣布游戏进程的开始，此后，每隔一个计时间隔，画布上的精灵会改变位置，也可能会改变显示状态（显现或隐藏），同时累计计时次数，并折算成时间长度，进而更新游戏的剩余时间，直到剩余时间为0，则游戏结束。游戏计时器是游戏的发动机，驱使游戏不断向前推进，因此，对于大部分游戏类应用来说，计时器都是不可或缺的重要组件。

第三节 素材准备

图14-3 游戏所需素材

为了增加游戏的趣味性，我们需要准备一些图片及声音的素材文件，如图14-3所示，包括6张图片文件以及一个声音文件（"gold. ogg"）。

图片文件的具体规格如下：

（1）**彩蛋** 宽36像素，高50像素，文件名与得分相关，文件扩展名为"png"；

（2）**小筐** 宽100像素，高42像素，文件名为"basket.png"；

（3）**背景** 宽800像素，高450像素，文件名为"back.png"。

第四节 用户界面设计

如图14-4所示，除了画布和精灵外，应用中还包含了五个非可视组件，其中包含两个计时器组件，分别用来控制应用的进程和游戏时间。对话框组件在游戏结束时用来提示信息并提供选择按钮，音效播放器组件用来播放声音及产生振动，本地数据库组件用来保存最高得分。注：图14-4中分别为八个彩蛋精灵设置了图片属性，以便于查看精灵的外观及数量，右下角显示了项目中已经上传的素材文件。组件的命名及属性设置见表14-1。

图14-4 设计视图中接彩蛋游戏的用户界面

注 意

将Screen1的屏幕方向属性设置为"横屏"。

表14-1 组件的命名及属性设置

组件类型	名称	属性	属性值
屏幕	Screen1	背景图片	back.png
		屏幕方向	横屏
		显示标题栏	取消勾选
画布	画布1	背景颜色	透明
		宽度、高度	充满
		字号	24
		画笔线宽	6
		画笔颜色	品红
精灵	筐	图片	basket.png
	蛋1~蛋8	默认设置	
计时器	启动计时器	一直计时、启用计时	取消勾选
		计时间隔	10（毫秒）
	游戏计时器	一直计时、启用计时	取消勾选
		计时间隔	50（毫秒）
对话框	对话框1	默认设置	
音效播放器	音效播放器1	源文件	gold. ogg
本地数据库	本地数据库1	默认设置	

第五节 ∷ 编写程序——游戏初始化

此处注意"游戏初始化"与"屏幕初始化"的区别，本节将完成以下三项任务。

（1）声明全局变量，并为部分全局变量赋值。

（2）在屏幕初始化事件中执行以下操作：

① 为全局变量彩蛋列表赋值；

② 隐藏全部8个彩蛋精灵；

③ 让启动计时器开始计时。

（3）在启动计时器的计时事件中读取画布的宽度，并初始化彩蛋精灵。

① 设置彩蛋精灵的图片属性；

② 设置彩蛋精灵的允许显示属性；

③ 设置彩蛋精灵的x、y坐标。

一、声明全局变量

本项目中的全局变量可分为三类，如图14-5所示，第一类为常量，在声明变量时设置它们的初始值，这些值在整个应用运行过程中保持不变，它们的作用是避免在程序中使用硬编码。第二类为一次性赋值的变量，这些变量的初始值为空列表或0，仅需被赋值一次，之后保持这些值不变。第三类为真正的变量，每次游戏开始之前被赋予初始值，在游戏运行过程中，这些值将不断被改写，直到游戏结束。前两类变量仅供读取，第三类变量可供读取及改写。这里提醒读者留心第二类变量的赋值时机。

图14-5 三类全局变量

二、屏幕初始化

在屏幕初始化时，首先为全局变量彩蛋列表赋值——将8个彩蛋精灵的组件对象放在列表中，然后利用循环语句，针对彩蛋列表中的每个彩蛋，设置其允许显示属性为假，最后设启动计时器的启用计时属性为真。代码如图14-6所示。

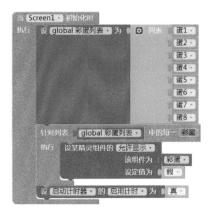

图14-6　屏幕初始化程序的代码

此时虽然可以设置每个精灵组件的*y*坐标为0，但因为无法确定画布的宽度，因此无法确定*x*坐标的取值范围，因此要等到启动计时器发生计时事件时，再来完成精灵坐标的设置。

三、彩蛋精灵初始化

1. 贴图

如前文所述，游戏初始化的第三个任务就是初始化8个彩蛋精灵，其中首要的任务就是设置彩蛋精灵的图片属性，这里定义一个过程——"贴图"，按比例分配图片，代码如图14-7所示。

图14-7　定义过程——"贴图"的代码

上述代码中利用随机小数的值为8个精灵分配图片，设随机小数为*R*，则分配比例为：

（1）**金蛋**　10%（$0 \leq R < 0.1$）；

（2）**蓝蛋**   20%（$0.1 \leqslant R < 0.3$）；

（3）**绿蛋**   50%（$0.3 \leqslant R < 0.8$）；

（4）**坏蛋**   20%（$0.8 \leqslant R < 1$）。

2. 随机X坐标

创建一个有返回值的过程——"随机X坐标"，以便让彩蛋精灵随机地出现在屏幕的顶端，代码如图14-8所示。

图14-8   有返回值的过程——随机X坐标的代码

3. 生蛋

创建一个过程——"生蛋"，完成彩蛋的初始化，代码如图14-9所示。

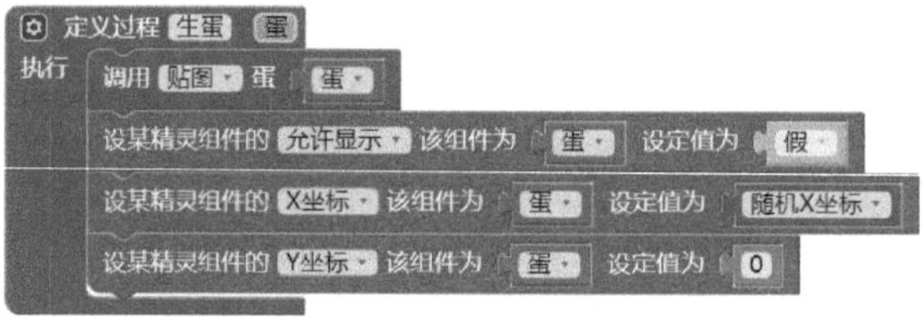

图14-9   定义过程——"生蛋"的代码

留心过程里使用了参数"蛋"，它的数据类型是组件对象，代表某个彩蛋精灵。在设置精灵的属性时，使用了组件类代码。组件类代码+组件对象列表+循环语句，可以批量设置组件的属性，这是实现复杂游戏功能的重要技术手段。

4. 启动计时器的计时事件

图14-10   启动计时器的计时程序的代码

有了全局变量以及以上的三个过程，我们可以编写启动计时器的计时程序了，代码如图14-10所示。

在上述程序中，首先为全局变量画布宽度赋值，令其等于屏幕的宽度，然后让启动计时器停止计时，让游戏计时器开始计时，最后利用循环语句，针对彩蛋列表中的每一个彩蛋精灵，设置它们的初始状态——调用生蛋过程。前面我们提到，有两个一次赋值后值不变的全局变量——彩蛋列表及画布宽度，至此已经完成了这两个变量的赋值。

5. 一个小实验

到此为止，本节的任务已经完成，但是读者也许心存疑惑：在屏幕初始化时，画布的宽度和高度究竟是多少呢？在启动计时器的计时事件里，这两个值会有怎样的变化呢？我们来做一个实验，创建一个过程——"显示画布宽高"，并分别在屏幕初始化、启动计时器的计时事件中调用该过程，代码如图14-11所示，测试结果如图14-12所示。

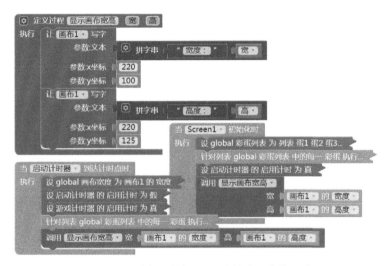

图14-11 测试两种情况下画布的宽和高的尺寸

图14-12 测试：两种情况下画布尺寸的变化

在图14-12中可以看到两组测试结果：屏幕右上方显示宽度为320像素，高度为550像素，这显然是竖屏状态下画布的尺寸，应该是屏幕初始化时输出的结果，另一组则显示宽度为600像素，高度为267像素，这是横屏状态下画布的尺寸，应该是计时事件中输出的结果。通过比较这两组结果，证明启动计时器的引入是必要的，同时，也帮助我们理解屏幕初始化事件发生时，组件所处的状态。

注：图14-11中定义并调用"显示画布宽高"过程的代码，是出于实验的目的，与游戏功能无关，请读者自行将其删除。

第六节 ▶ 编写程序——游戏引擎

如果把游戏比作一辆汽车，那么启动计时器相当于汽车的点火装置，而游戏计时器则相当于汽车的发动机，所谓引擎，是英文engine的音译，本意为发动机。在游戏软件中，游戏的主程序也称为游戏引擎，在接彩蛋游戏中，主程序由游戏计时器的计时事件来推动运行。

计时器是游戏类应用中的重要组件，它的主要作用是控制游戏进度、产生动画效果，并限制游戏时长。在本游戏中，利用游戏计时器的计时事件，来实现下述功能。

（1）当游戏剩余时间不为零时，更新每一个彩蛋的状态。

① 对于已经显现出来的彩蛋（正在下落的彩蛋），判断其是否触底。

a. 如果彩蛋触底，则让该彩蛋消失，并生成一个新的彩蛋（但不显现）；

b. 如果彩蛋没有触底，则让其继续下落。

② 对于隐藏在屏幕顶端的彩蛋，让它们以很小的概率显现出来。

（2）累计计时次数，求出游戏的剩余时间，并显示游戏剩余时间。

（3）如果剩余时间为零，则游戏结束。

下面逐一完成上述任务。

一 更新彩蛋状态

为了理清思路，这里绘制了针对一个彩蛋的状态更新流程图，如图14-13所示。

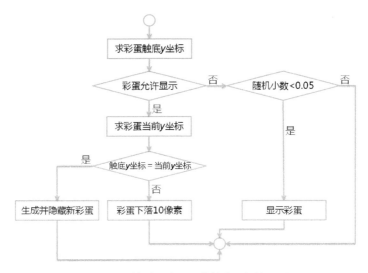

图14-13 针对一个彩蛋的状态更新流程图

图14-13中彩蛋的触底y坐标＝画布高度－彩蛋高度，针对某个特定的彩蛋，首先判断它的允许显示属性是否为真：如果允许显示属性为真，则求彩蛋的当前y坐标，如果当前y坐标与触底y坐标相等，则生成新彩蛋，否则，让彩蛋下落10像素。如果允许显示属性为假，则生成一个随机小数，当随机小数＜0.05时，让该彩蛋显现出来。

创建一个过程——"更新彩蛋状态"，利用循环语句来更新全部彩蛋的状态，代码如图14-14所示。

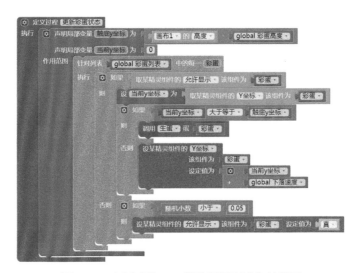

图14-14 定义过程——"更新彩蛋状态"的代码

这里需要解释一下"随机小数＜0.05"这个条件。在接彩蛋游戏中，我们希望彩蛋的下落过程呈现出一种"纷至沓来"的效果，而不是"整齐划一"地下落。为了避免所有彩蛋同时显现在屏幕顶端，并同时下落，就需要控制彩蛋的显现时机。这里彩蛋显现的条件为随机小数＜0.05，也就是说，在一次计时事件中，1个彩蛋显现的可能性为5%，8个彩蛋合计的显现可能性为8×5%＝40%，不足100%，因此，平均2.5次计时事件才能有一个彩蛋显现出来，即每125毫秒（1/8秒）会有一个彩蛋显现出来，由此可知，在1秒钟内8个彩蛋将会陆续显现出来。

在0.05这个条件约束下，8个彩蛋会在1秒钟内，随机地显现在屏幕顶端，并陆续开始下落。在1秒钟结束时，最先显现的彩蛋已经下落了20次，下落距离为200像素，即将触底，一旦触底，就会立即回到屏幕顶端，隐藏起来等待机会显现出来，这样就形成了源源不断有彩蛋显现并下落的局面。

读者可以自己尝试不同的约束条件，来控制彩蛋的显现与下落，也可以加大彩蛋的下落速度，来提高游戏的难度。

二. 显示剩余时间

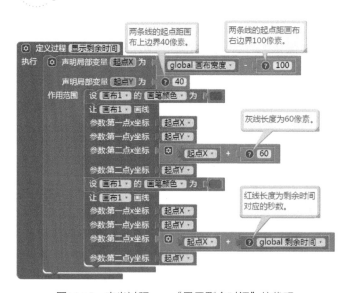

游戏的剩余时间保存在全局变量中，随着计时事件的发生，剩余时间会逐渐减少。利用画布组件的画线功能，在画布的右上角画两条颜色不同的线——灰线与红线，其中灰线长度为60像素，对应于游戏开始时60秒的剩余时间，红线的长度为当前的剩余时间。灰线长度不变，红线长度逐渐减小，直到剩余时间为0时，红线消失，游戏结束。

图14-15　定义过程——"显示剩余时间"的代码

定义一个过程——"显示剩余时间"，代码如图14-15所示。

三. 游戏结束

当全局变量剩余时间为0时，游戏结束，此时需要打开选择对话框，显示用户本次游戏得分以及历史纪录，并提供三个按钮供用户选择。定义一个过程——"游戏结束"，代码如图14-16所示。

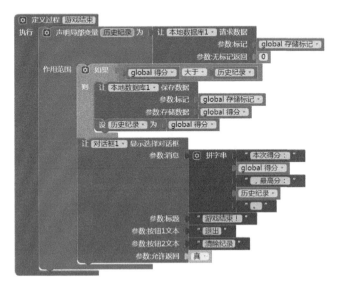

图14-16 定义过程——"游戏结束"的代码

在"游戏结束"过程里使用了本地数据库组件，并且用到了这个组件最重要的两个内置过程——"请求数据"与"保存数据"。从代码中你也许会猜到这个组件的使用方法，是的，本地数据库组件的使用方法非常简单，关键在于参数"标记"的使用，读取数据时使用的标记必须与保存数据时使用的标记完全相同。为了避免手工输入引起的错误，这里将标记保存到全局变量"存储标记"中，这样确保标记在保存和读取时的一致性。

留心游戏结束过程里代码的执行顺序：首先从数据库中读出历史纪录，如果是首次游戏，数据库里尚未保存任何数据，此时，请求数据的内置过程将返回0，即局部变量历史纪录等于0，由于得分通常会大于0，因此需要将本次游戏得分保存到数据库中，保存完成后将本次得分赋值给历史纪录。

注 意

对话框中消息的内容是"本次得分"和"最高分"，因此，如果本次得分高于历史纪录中的最高分，则最高分显示为本次得分。

有了以上三个过程，游戏计时器的计时程序就可以写得非常简洁，代码如图14-17所示。

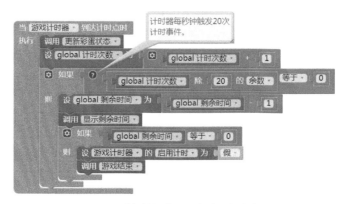

图14-17　游戏计时器的计时程序的代码

在上述程序中，首先更新彩蛋状态，然后累计计时次数，当计时次数是20的整数倍时，让剩余时间减1，并显示剩余时间；当剩余时间为0时，让游戏计时器停止计时，并调用游戏结束过程。接着进行测试，测试结果如图14-18所示。

图14-18　测试：游戏计时器的计时程序

在测试过程中，彩蛋接踵而至，用于显示剩余时间的红色彩条渐渐缩短，直至完全消失，此时弹出对话框，显示本次得分及最高分均为零。

第七节 编写程序——接蛋与得分

本节将针对扮演小筐的精灵组件编写程序。

（1）检查小筐是否碰到彩蛋，当碰撞发生时：

① 根据彩蛋类型计算并显示得分；

② 彩蛋消失，生成新的彩蛋。

（2）利用小筐精灵的拖动事件控制小筐的位置，以便接住彩蛋或避开坏蛋。

一、显示得分

在接彩蛋的游戏中，需要向用户呈现的信息包括游戏剩余时间和得分，而这些信息的显示都要依赖于画布组件。此前我们利用画布的画线功能成功地显示了剩余时间，现在要利用画布的写字功能，显示游戏得分。每次小筐接住彩蛋时，分数都会发生变化，因此，分数的显示结果也必须更新，这需要使用清空画布的方法擦除原有分数，然后再书写新的分数。这项操作与显示剩余时间的操作在时间上会有交叉。

（1）每次清除画布都将擦除剩余时间彩条，因此，每次在书写分数的同时，还要重新绘制剩余时间彩条；

（2）绘制剩余时间彩条后画笔颜色为红色，因此每次书写分数之前要将画笔颜色设为洋红色。

定义一个过程——"显示得分"，将得分数写在剩余时间彩条的上方，并与右边界保持一定距离，代码如图14-19所示。

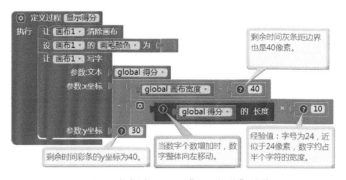

图14-19　定义过程——"显示得分"的代码

在第11章双语看图识字中我们介绍过画布组件中文字的定位方法：水平方向的基准点（x）位于一行文字的中央，垂直方向基准点（y）位于文字的下沿，这里分数的基准点y为30，比剩余时间彩条的y小10像素，分数的基准点x采用的是经验值，如图14-19所示的注释所述。

接蛋操作包含一系列的动作。

（1）累计得分。

① 取得与小筐碰撞的精灵的图片属性（图片的文件名）；

② 根据文件名累计游戏得分；

③ 根据文件名播放音效或产生振动。

（2）生成新彩蛋。

（3）显示得分。

（4）显示剩余时间。

定义一个过程——"接蛋"，代码如图14-20所示，过程设置了一个参数——"蛋"，代表与小筐发生碰撞的彩蛋。读取"蛋"的图片属性，并利用用分隔符分解文本块，将文件名中数字的部分提取出来，并依据所得的数字累计分数、播放音效或产生振动。

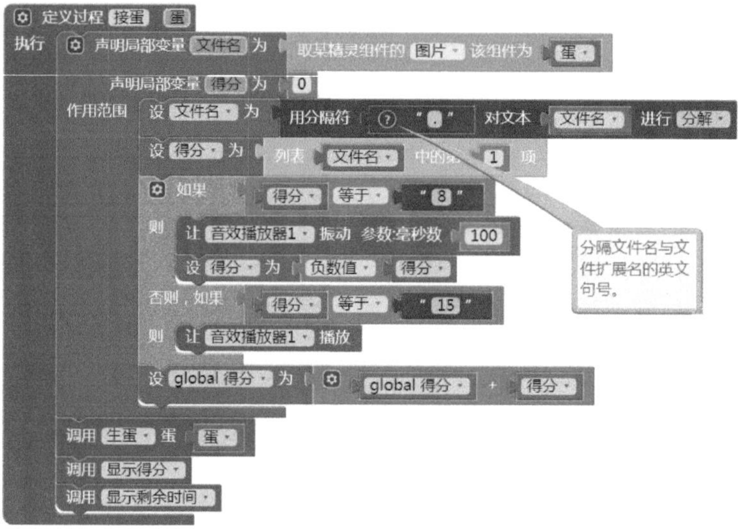

图14-20　定义过程——"接蛋"的代码

注意

在显示得分之后，还要调用显示剩余时间过程，因为在显示得分过程里，清空画布的操作将游戏剩余时间彩条也一并擦除掉了。

三 小筐的碰撞事件

打开"筐"精灵的代码块抽屉，第一个块就是碰撞事件块，在该事件块中直接调用接蛋过程，代码如图14-21所示。

图14-21 精灵的碰撞事件处理
程序的代码

碰撞事件块中的参数"其他精灵"指的是正在与小筐发生碰撞的精灵——彩蛋。

四 控制小筐移动

在"筐"精灵的代码块抽屉中，第二个事件块就是拖动事件块，该块携带了六个参数。这些参数的名称和含义与画布拖动事件中的参数完全相同，这里我们只需要使用其中的"当前X坐标"参数，它代表玩家手指当前位置的X坐标。拖动事件处理程序的代码如图14-22所示。

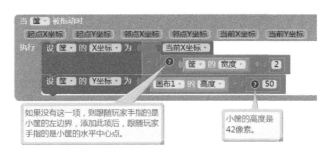

图14-22 "筐"精灵拖动事件处理程序的代码

上述代码中，筐的y坐标取固定值，筐的x坐标随玩家手指移动，因此，筐只能在水平方向上移动。

以上实现了游戏的接蛋及累计分数功能，现在对上述程序进行测试，测试结果如图14-23所示。

图14-23　测试：接蛋与累计分数

第八节 ⟩ 编写程序——周而复始

到目前为止，游戏的基本功能已经实现，还有一些收尾的任务要做，当游戏结束时，弹出选择对话框，用户有三种选择——退出、清除纪录或返回，我们需要针对用户的选择编写相应的程序。

一　游戏初始化

图14-24　定义过程——游戏初始化的代码

无论用户选择清除纪录，还是返回，都将重新开始新一轮游戏。开始新一轮游戏，在程序上意味着两项内容的初始化，全局变量初始化和组件属性初始化。编写一个过程——游戏初始化，实现变量与组件的初始化，代码如图14-24所示。

在游戏初始化过程里，前三行代码为全局变量初始化，后面的代码为组件状态初始化。

二. 对话框完成选择事件

利用游戏初始化过程，我们来编写对话框完成选择事件的处理程序，代码如图14-25所示。

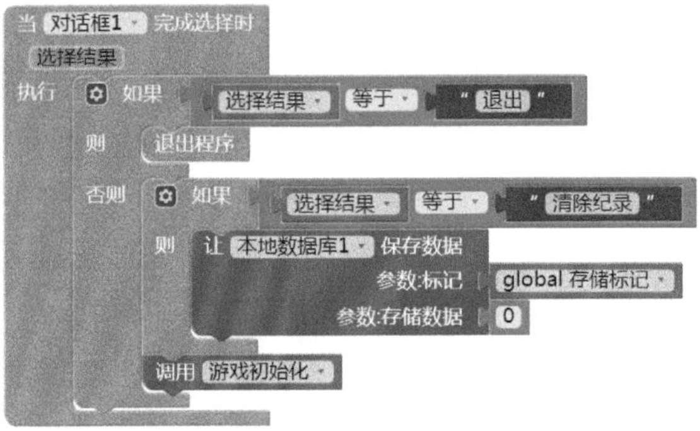

图14-25　对话框完成选择事件的处理程序的代码

注意

退出功能在AI伴侣中无法测试，必须将项目编译后安装到手机上才能测试退出效果。其他两项功能请读者自行完成测试任务。

至此已经实现了接彩蛋游戏的全部预设功能。

第九节 ▷ 小结

接彩蛋游戏是一个典型的动作类游戏，本章讲解的游戏开发过程体现了开发这类游戏的基本思路，现小结如下。

（1）动画＝画布＋精灵＋计时器；

（2）随机行为产生了不确定性，也成就了游戏的趣味性；

（3）组件类代码块＋组件对象列表＋循环语句＋计时器，如此组合可以批量地、动态地设置组件属性，是游戏开发的核心技术；

（4）将固定不变的数据保存在变量中，可以避免在程序中使用硬编码；

（5）理解屏幕初始化事件，当事件发生时，组件已经创建完成，但组件的属性值设定尚未完成。

CHAPTER

15 数独

数独游戏是一款仅由9个数字组成的逻辑推理游戏，只要有一张纸、一支笔，随时随地都可以进行游戏。如图15-1所示，一个9×9的方格被划分成3×3的九个宫，里面散落着一些数字，游戏者的任务是在空的格子中填上数字，让每一行、每一列、每一宫都包含1~9的全部数字，每行、每列及每个宫中都不能有重复的数字。例如在图15-1左上角的宫中，空格里只能填3、5、8，第一行的空格中只能填3、5、8、9，同样，第一列只能填2、3、7、8。已知的数字越多，游戏的难度越低，反之则游戏的难度越大。

	列1	列2	列3	列4	列5	列6	列7	列8	列9	
宫行1		7		1	2		4		6	行1
	9	宫	2		6		5		行2
	6	1	4					7	行3
宫行2		4		9		2		1		行4
	1		7				9	行5
	5		9		8		3	4		行6
宫行3		8		2		5			行7
	4			1		2	宫	3	行8
	9	1		4	3		7		行9
	宫列1			宫列2			宫列3			

图15-1　数独游戏

第一节 游戏与数学

一 游戏中基本要素的命名

在即将开始思考一个问题时，你必须具备一些最基本的概念，没有这些概念，就如巧妇难为无米之炊，你纵然有无限的脑力，也是枉然。这些概念包含一些名词，例如，数独游戏中的行、列、宫等。有了这些名词，就可以展开思考与讨论了。以下四个名称是我们讨论问题的基础，将贯穿整个解题过程。

（1）**行**　水平方向的9个方格组成一行，游戏中共有9行，用"行1""行2"等来表示自上而下的每一行。

（2）**列**　垂直方向的9个方格组成一列，游戏中共有9列，用"列1""列2"等来表示自左向右的每一列。

（3）**格**　行与列的交汇组成格，共有81个格，用"格m_n"来表示某个格，其中m为行数，n为列数。

（4）**宫**　以每三行、三列为一组，交汇成9个宫，用"宫m_n"来表示某个宫，其中m为宫的行号，自上而下取值为1~3，n为宫的列号，自左向右取值同样为1~3。

二、游戏中的数学概念

解决数独游戏需要使用集合的概念，这里的集合是一个名词，指的是由一个或多个特定元素组成的整体。在数独游戏中，集合就是数，从1~9非常确切的9个数字。或许一提到数学，就会让你心生恐惧，那是因为你认为它很抽象，然而，一旦数学落到具体的事物上，它就会变得非常平易近人。不信的话可以试试看。

（1）**集合与元素**　由一个或多个特定元素组成的整体。在数学中，用大括号来表示集合，如，由1、3、5组成的集合表示为{1，3，5}，其中1、3、5称为集合中的元素。

（2）**全集**　这是一个相对的概念，针对特定的问题，所有可能存在的元素的全体构成全集，在数独游戏中，全集包含9个数字，表示为{1，2，3，4，5，6，7，8，9}。

（3）**补集**　补集的概念是相对于全集而言的，例如，相对于全集{1，2，3，4，5，6，7，8，9}而言，{1，3，5}的补集为{2，4，6，7，8，9}，其实就是相对于全集而言，{1，3，5}中缺少的元素。

（4）**交集**　两个或多个集合之间存在交集关系，它们所包含的共同的元素构成了它们之间的交集。如{1，3，5}、{3，5，7}与{5，7，9}之间的交集为{5}。求交集运算符为∩，上述三个集合的交集运算可以表示为{1，3，5}∩{3，5，7}∩{5，7，9} = {5}。

（5）**空集**　不包含任何元素的集合称为空集。

三 从数学到程序

1. 问题的描述

（1）**集合与列表**　了解了上面对集合的定义，很容易想到App Inventor中的列表。在解题过程中，我们将用列表来描述游戏中的问题，通过对列表的操作来找到问题的答案。为了描述问题的方便，用小括号来表示App Inventor中的列表，如包含1、3、5三个列表项的列表在本章中表示为（1 3 5），列表项之间以一个空格间隔。

（2）**问题集合与二级列表**　整个9×9的格子组成问题集合，共有81个元素，在App Inventor中用二级列表来描述这81个元素。所谓二级列表，就是列表项本身也是列表。图15-2中给出了数独问题的列表表示法。图中一级列表中包含9个列表项，每一项本身也是列表，称为二级列表，每个二级列表中包含9个列表项（具体的数字），对应于数独问题中的一行。问题列表中用0来表示空格。

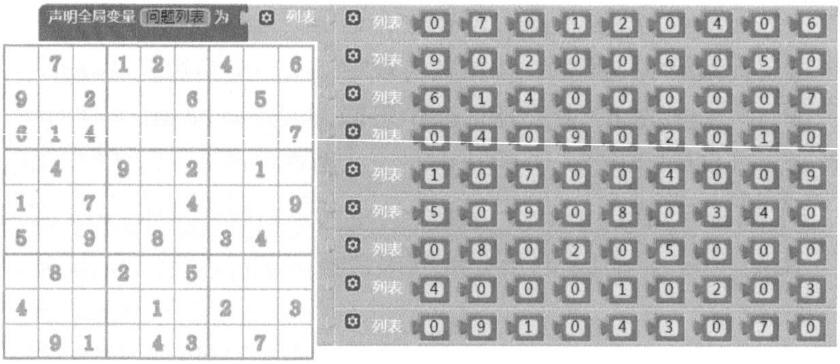

图15-2　数独问题的列表表示法

（3）**行集合与行补集**　每一行中的问题数字组成行集合，以图15-3中"行1"为例，行集合为{7，1，2，4，6}，需要填写的数字组成了行补集，即行集合的补集，因此"行1"的行补集为{3，5，8，9}。

（4）**列集合与列补集**　每一列中问题数字组成列集合，以图15-3中"列1"为例，列集合为{9，6，1，5，4}，与行补集类似的有列补集，"列1"的列补集为{2，3，7，8}。

（5）**宫集合与宫补集**　每三行、三列交叉构成一个宫，宫中全部问题数字组成宫集合，以图15-3左上角的"宫1_1"为例，宫集合为{7，9，2，6，1，4}，则宫补集为{3，5，8}。

（6）**格交集**　每个问题方格（空格）都隶属于某行、某列及某宫，而格中应该填写的数字必须是行补集、列补集与宫补集的交集，我们称之为格交集。以图15-3中左上角"格1_1"为例，它的行补集、列补集与宫补集的交集为：{3，5，8，9}∩{2，3，7，8}∩{3，5，8}={3，8}即，左上角方格中只能填写3或8，但究竟应该填写哪一个，现在还无法确定。

（7）**格交集列表**　在开始解题之前，我们需要求出每个空格的格补集，并组成格补集列表，该列表与问题列表的结构相同，已经有数字的空格用0代替，需要填写数字的空格位置将以列表的方式表示格补集，例如，图15-3中"格1_1"的格补集为{3，8}，用列表表示为（3 8），图中标为绿色的"格2_2"，它的格补集为{3}，用列表表示为（3）。

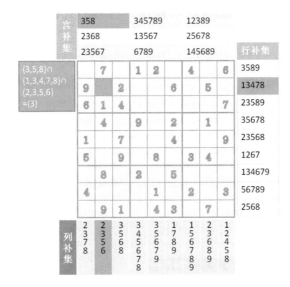

图15-3　用数学语言描述和解析数独问题

2. 解题方法

（1）寻找单一元素的格补集。如果某个空格的格补集只包含一个元素，即一个数字，那么这个数字就是将要填写的答案，别无他选。例如，图15-3中"格2_2"的格补集就具有单一元素"3"，因此"格2_2"中只能填写数字"3"。遍历格补集列表中所有列表项，找出包含单一元素的格补集，这是解题的第一步。

（2）更新问题列表及格补集。找到所有单一元素的格补集，并将问题列表中对应的列表项修改为格补集元素。之后必须重新计算格补集列表，因为对问题列表的修改将导致行补集、列补集及宫补集的变化，更新后的格补集列表也许会生成新的单一元素格补集，新一轮的遍历即将开始。

（3）当全部的单一元素格补集都被用尽时，如果还有尚未填写的空格，则观察剩余的格补集，如果剩余的格补集完全相同，说明这道数独问题的解不唯一，那么随机选择其中的项填写在对应的格中即可。

（4）赢得游戏。当行补集、列补集或宫补集中的任何一个补集列表全部为空时，解题成功，赢得游戏。本章用宫补集列表来判断解题是否成功。

有了以上对问题的分析以及对解题方法的梳理，下面可以开始用程序实现我们的解题目标了。

第二节 ▷ 用户界面设计

本应用的重点在于用程序解题，并演示具体的解题过程，这不是一个游戏，也无须用户参与，所谓的用户界面只是用于演示解题过程及结果，因此对用户界面只有两个要求，一是要能控制程序的运行，二是可以显示运行结果。

基于以上考虑，在用户界面中安排3个按钮、3个标签，如图15-4所示。

注 意

勾选Screen1的允许滚动属性，以便查看完整的程序运行结果。

图15-4　设计视图中的用户界面

第三节 ▶ 编写程序

在第一节对问题的解析中，我们引入了行补集、列补集、宫补集、格补集以及寻找单一元素格补集等概念，这些概念不仅用于描述解题思路，还可以用于指导我们编写程序，如，这些补集的名称也可以当作变量或过程的名称，名词对应于变量或有返回值的过程，动宾词组对应于无返回值的过程，以下逐一创建这些变量与过程。

一、全局变量

1. 问题列表

在图15-2中我们已经给出的"问题列表"的定义，这是我们所有行动的出发点，也是最终解决问题的落脚点。这里只用一道题来讲解数独问题的解题思路，虽然不具有普遍性，但仍可以为更普适的解法提供最基本的思路。

2. 格补集列表

图15-5　声明全局变量——"格补集列表"

用来保存所有空格的格补集，如图15-5所示，设其初始值为"空列表"。

二、有返回值过程

1. 补集

如图15-6所示，"补集"过程有一个参数——"九项集"，它可以是行集合、列集合及宫集合，它的返回值是参数集合的补集。

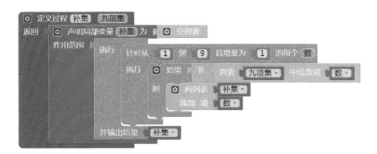

图15-6　有返回值过程——"补集"

2. 格元素与格补集

如图15-7所示，这两个过程非常相似，"格元素"的返回值是问题列表中指定行、列的项，其数据格式为数字；"格补集"的返回值是格补集列表中指定行、列的项，其数据格式为列表。

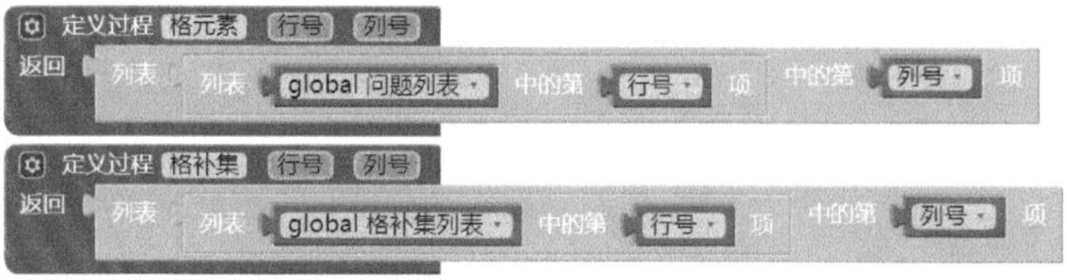

图15-7 有返回值过程——"格元素"与"格补集"

这两个过程虽然从形式上完全相同，但考虑在解决问题过程中，为了保持思路清晰，而放弃了对代码复用性的追求，这是必要的。

3. 列集合

如图15-8所示，"列集合"过程有一个参数——"列号"，该过程返回问题列表中指定列中的全部非零格元素。

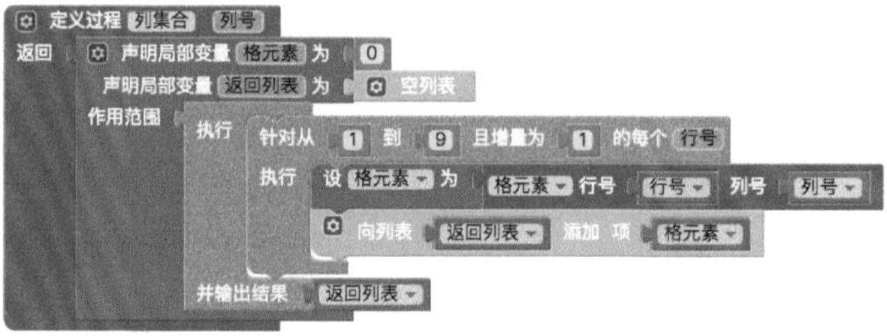

图15-8 有返回值过程——"列集合"

4. 宫集合

如图15-9所示，宫集合过程有两个参数——"宫行"与"宫列"，它们的取值分别为1~3，过程的返回值是一个列表，表示某个宫所包含的全部元素。以"宫1_1"为例，此时宫行、宫列的值均为1，由此得出过程中临时变量行号和列号的取值也分别为1~3，因此过程将返回前三行与前三列交叉的九个方格中的非零数字，即"宫1_1"中的元素。求宫集合的目的是为了求宫补集。

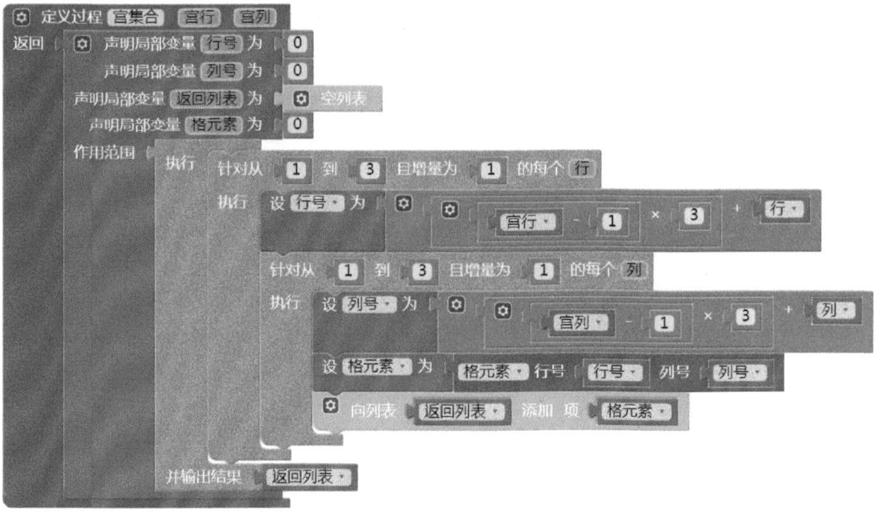

图15-9　有返回值过程——"宫集合"

5. 交集

如图15-10所示，"交集"过程有两个参数——"集合1"与"集合2"，过程的返回值为这两个参数集合的交集。

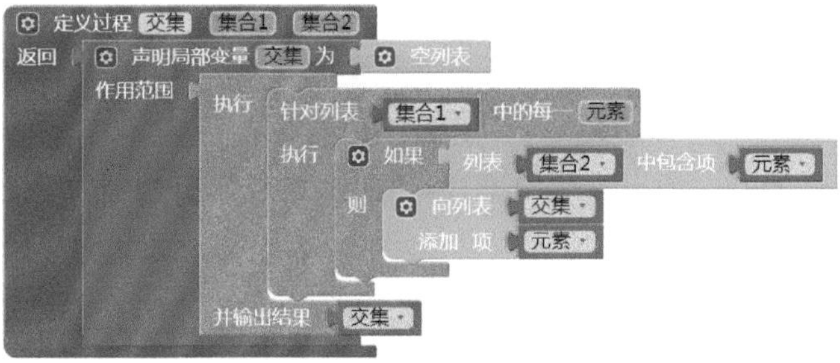

图15-10　有返回值过程——"交集"

6. 格交集

如图15-11所示，"格交集"过程有两个参数——"行号"及"列号"，返回值为列表，是空格处三个补集的交集，三个补集即"行补集""列补集"与"宫补集"。"格交集"中的列表元素是解题的关键线索，当"格交集"中只包含一个列表项时，这个元素就是问题的解——将要填写的数字。

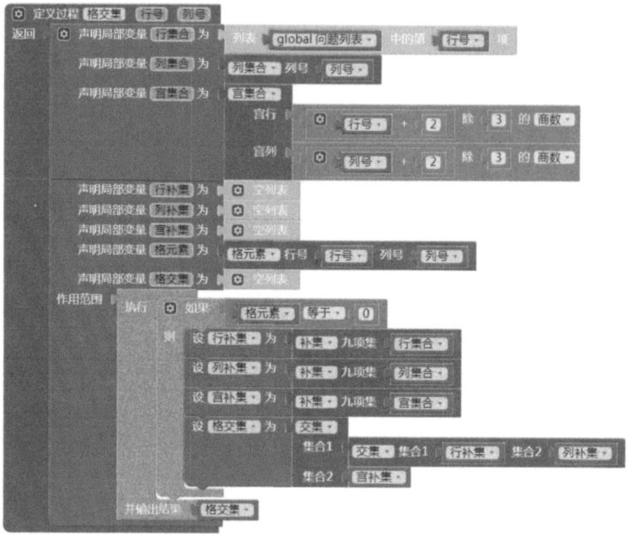

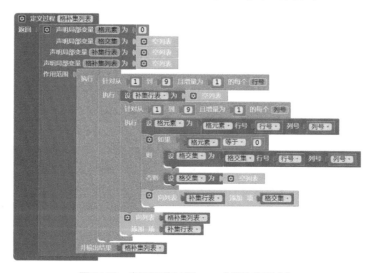

图15-11　有返回值过程——"格交集"

7. 格补集列表

如图15-12所示，"格补集列表"过程针对问题列表中的每一个"格元素"，判断"格元素"是否为0（需要填写答案的空格），如果为0，则向局部变量"补集行表"中添加格交集，否则添加空列表。该过程返回一个三级列表，第一级列表包含9个列表项，对应于问题列表中的一级列表；每个一级列表项本身又是一个二级列表，二级列表中也包含9个列表项，其中的列表项可能是空列表（对应于已有数字的方格），也可能包含1个或多个数字的列表。

图15-12　有返回值过程——"格补集列表"

8. 九宫补集

如图15-13所示，"九宫补集"过程返回一个3×3的三级列表，一级列表中包含3项，对应于三行，二级列表中也包含3项，对应于每行之中的三列，三级列表可能是空列表（表示该宫所有数字都已填满），也可能包含若干个数字（有待填写的数字）。这个过程的作用是衡量程序的运行结果，当"九宫补集"中的三级列表全部为空时，解题成功。

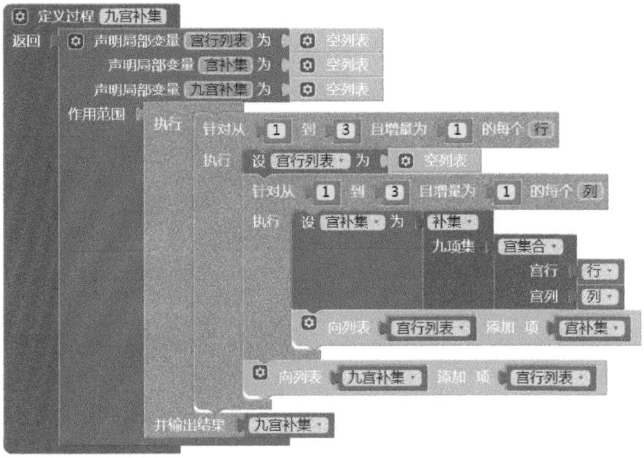

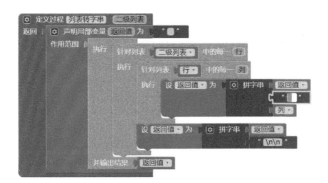

图15-13　有返回值过程——"九宫补集"

9. 列表转字串

如图15-14所示，"列表转字串"过程可以将二级列表转为字串，这个过程用于在标签上输出程序运行的结果。注意在"针对列表'行'中的每一列"的循环中，拼字串时在"返回值"与"列"之间插入两个空格。

图15-14　有返回值过程——"列表转字串"

三、无返回值过程

1. 显示结果

如图15-15所示，"显示结果"过程用标签显示三个列表的内容。

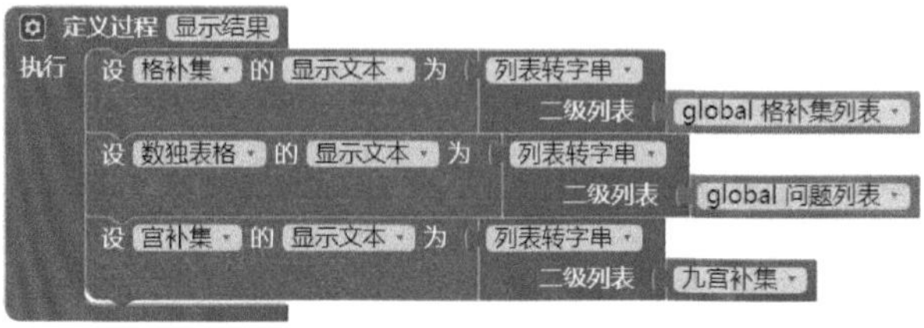

图15-15　无返回值过程——"显示结果"

2. 初始化

如图15-16所示，在"初始化"过程里，为全局变量"格补集列表"赋值，并调用显示结果过程。

图15-16　无返回值过程——"初始化"

3. 填写答案

如图15-17所示，"填写答案"过程有三个参数——"行号""列号"及"答案"，该过程用参数指定的答案替换问题列表中指定的项，指定的项由参数行号及列号确定。

图15-17　无返回值过程——"填写答案"

四、事件处理程序

1. 屏幕初始化

在屏幕初始化事件中调用初始化过程，代码如图15-18所示，测试结果如图15-19所示。

图15-18　屏幕初始
化程序的代码

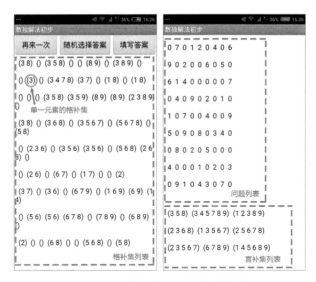

图15-19　屏幕初始化程序的测试结果

在测试结果中，标签显示的内容分两次截屏，左图中显示了格补集列表，其中第2行、第2列对应的格补集中，仅包含一个元素——3，这个数字就是即将填写的唯一答案。

2. 填写答案

下面编写"填写答案"按钮的点击程序，代码如图15-20所示。遍历格补集列表，当格补集的长度为1时，以格补集的第1项（也是唯一一项）替换问题列表中对应的项。每次"填写答案"后，要及时更新格补集列表，并显示结果。代码的测试结果如图15-21所示。

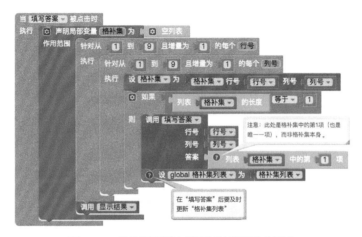

图15-20　修改问题列表并重新计算格补集列表

图15-21　测试："填写答案"之后重新计算格补集列表

从测试结果中发现，又有3个单一格补集产生，此时可以再次点击"填写答案"按钮，查看新的计算结果。经过多次点击"填写答案"按钮，最终数据不再发生改变，如图15-22所示。

图15-22　测试：多次点击"填写答案"按钮

3. 随机选择答案

当剩余的"格补集"完全相同时，说明此数独问题的解不唯一，可以随机选取其中的一项，也可以直接选择第1项或第2项，将选中项填写在空格中，剩下的一项自然被填写到另一个空格中。

下面针对"随机选择答案"按钮编程，完成最后一个解题步骤，代码如图15-23所示。

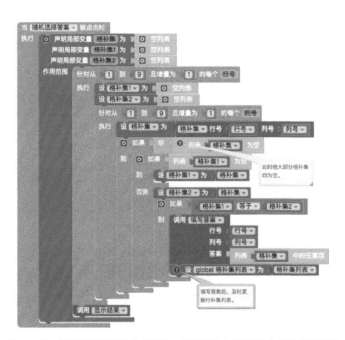

图15-23　在"随机选择答案"按钮的点击事件中处理剩余的相等的格补集

事件处理程序对格补集列表进行遍历，如果在同一行中找到两个完全相同的格补集，则随机选择其中的一个列表项来填写答案。对上述程序进行测试，结果如图15-24（a）所示，格补集列表中仅仅剩余四个不为空的格补集，它们完全相同。此时点击"随机选择答案"按钮，获得图15-24（b）的结果，显然，程序最先遇到的是第3行的两个完全相同的格补集，随机选择的结果是数字3，因为图中剩余的数字为5。此时再点击"填写答案"按钮，来处理剩余的两个单一元素格补集，最终得到图15-24（c）、图15-24（d）中的结果，即题目的解。

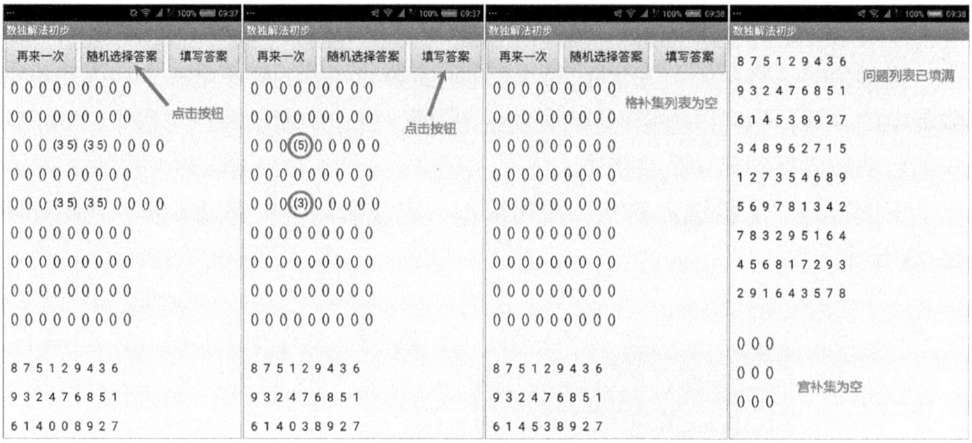

数独解法初步			数独解法初步			数独解法初步		数独解法初步	
再来一次	随机选择答案	填写答案	再来一次	随机选择答案	填写答案	再来一次	随机选择答案 填写答案	875129436	问题列表已填满

（a） | **（b）** | **（c）** | **（d）**

图15-24　测试：随机选择答案并最终完成解题

4. 再来一次

对"再来一次"按钮的点击事件编程，让解题过程从头开始，代码如图15-25所示。

图15-25　回到解题的初始状态代码

第四节 题目的扩展

上述解题方法只针对一个具体的题目，无法检验解题方法的通用性。为了扩展题目，在编程视图中声明一个全局变量——"数独字串"，设其初始值为一个包含81个数字的字串（中间不允许有空格或其他字符），题目中的数字如图15-26所示。

```
0 4 0 0 0 9 0 7 3
6 0 7 0 2 0 8 0 0
8 5 0 7 0 0 9 0 0
7 8 2 0 1 6 5 3 0
5 0 4 9 0 8 0 0 6
0 3 0 0 0 0 1 0 4
0 6 0 8 7 0 2 0 5
0 2 8 0 0 0 0 9 7
0 0 5 0 0 0 0 0 0
```

图15-26　新的数独题目

编写一个有返回值的过程——"数独列表"，对数独字串进行解析，将其转化为问题列表的格式，然后利用"再来一次"按钮的长按事件，来实现题目的切换，代码如图15-27所示。

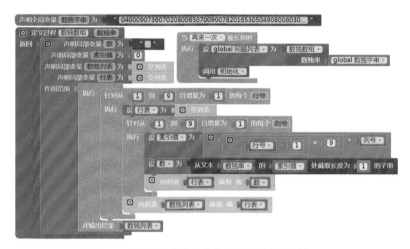

图15-27　将数字字串转化为问题列表的格式代码

图15-27中使用了"截取子串"的代码块，该代码块有三个参数，分别是被截取的字串、截取字串的起始位置以及截取字串的长度，注意三个参数值的设定与顺序的摆放。

下面对程序进行测试，长按"再来一次"按钮，获得新题目，然后多次点击"填写答案"按钮，观察程序的执行结果。如图15-28所示，新题目似乎更加简单，不需要随机选择答案，一直点击"填写答案"按钮，就获得了全部的解。

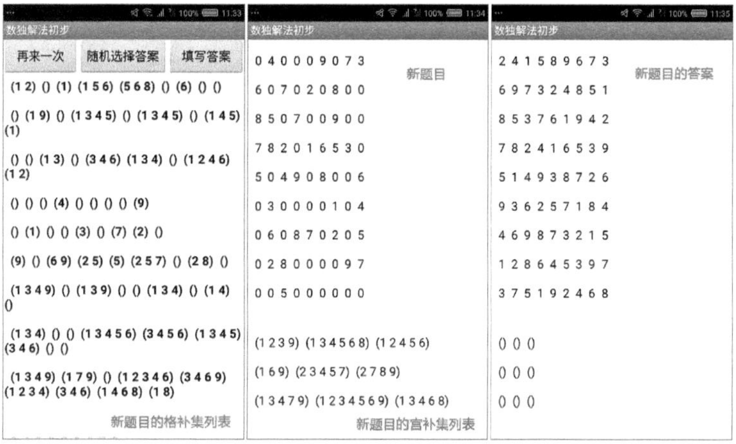

图15-28　获得并解答新题目

　　如图15-29所示为一道难解的数独题，上述解法在解决这道题时，受到了严峻的挑战，这说明本章所讲述的解题方法还有待进一步地改进。改进的任务暂时搁置，有兴趣的读者不妨做一些尝试，笔者也会继续思考更好的方法，并期待与大家分享。

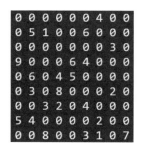

图15-29　一道难解的数独题

第五节 ▶ 小结

　　利用计算机可以完成很多任务，不过，将现实世界中的问题转化为机器能够处理的问题，这个过程非人类不能完成。要想实现问题的转化，必须同时熟悉现实世界中的问题，以及机器处理问题的方式，在两者之间构筑一个通道，然后才能发挥机器的能力，最终解决问题。以下是实现问题转化的简要步骤，供读者参考。

　　（1）使用自然语言描述现实世界的问题，从描述内容中提取关键概念，尤其注意描述中的名词及动词，这些词构成了问题的核心。

　　（2）将自然语言中的核心概念转化为数学概念，这些数学概念可能是数字、数列、函数或集合等，然后尝试用数学语言描述这些概念之间的关系，如等式、不等式、补集、交集、属于、不属于等。

　　（3）一旦现实世界中的问题转化为数学问题，下一步就是将数学问题转化为程序问题，其中最重要的是建立问题的数据模型，例如，数独解法中的问题列表，这是所有后续操作的基础，没有这个列表，所有操作都无从下手。

　　（4）有了数据模型，就可以将解决问题的方法映射为对数据模型的操作，由此可以初步确定程序中所需的变量及过程，例如，本章中求补集、交集的过程，都体现了解决问题的思路。

　　（5）有了以上对问题的认识、分析及转化，就可以开始动手验证自己的思路了。最初的思路不见得完全正确，在解决问题的过程中，还要根据需要调整思路，以便使自己的努力一直朝向解决问题的方向。

（6）最后一点，在用程序验证思路的过程中，如果程序过于复杂，要注意将功能相对独立的代码封装为过程，让程序呈现出清晰有序的结构，这样便于对程序的扩展及修改。

五子棋游戏是一个在民间广为流传的棋类游戏,棋盘、棋子与围棋相似,如图16-1所示,双人对弈,执黑先行,轮流落子。棋子落在纵横线的交叉点上,先将五个棋子连成一线者赢,连线的方向有水平、垂直、左上右下与左下右上四个方向。用于比赛的五子棋棋盘共有15×15=225个交叉点,而且有严格的禁手规则,这些规则主要是针对黑棋,用于平衡黑棋的先行优势。

第一节 > 功能描述

本章即将实现的五子棋游戏,不采用标准的棋盘,也不遵循正式比赛的规则,图16-1中的棋盘共有11×11=121个交叉点,黑白两方依次落子,不设禁手,率先连成五子者赢。按照应用运行的时间顺序,游戏的功能描述如下。

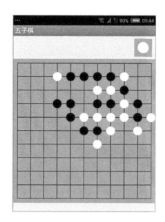

图16-1 五子棋游戏

(1)应用启动时,显示空白棋盘,屏幕右上角的小图显示黑子,表明当前应该黑棋落子;

(2)黑棋落子后,屏幕右上角的小图显示白子,表明当前应该白棋落子;

（3）黑白棋交替落子，直到一方率先连成五子，宣布该方赢棋，游戏结束并弹出对话框；

（4）用户可以在对话框中选择再来一次或退出游戏；

（5）如果用户选择再来一次，则游戏重新开始；

（6）如果用户选择退出，则关闭应用，退出游戏。

第二节 ▷ 思路解析——从游戏到程序

这是一个将现实问题转化为程序问题的典型案例，当阅读完本章时，你会发现，程序本身其实并不复杂，真正让我们耗费脑力的是如何将游戏中的概念转化为程序可以处理的数据，这中间还会用到一点简单的数学运算。

在我们开始考虑将五子棋游戏变为一个手机上的应用时，最先遇到的问题是如何呈现棋盘和棋子，如果你已经学习了之前的章节（涂鸦板），你会知道画布具有绘图功能，其中的画线功能可以用来绘制棋盘，画圆功能可以用来绘制棋子，这是我们最终用程序实现游戏功能的前提，后面的思考都以此为出发点。

一、 棋盘与棋子

1. 棋盘的规模

图16-2 测试屏幕的宽度

在App Inventor中，屏幕的默认宽度是320像素，与手机型号和屏幕尺寸无关。如图16-2所示，这段代码在不同型号、不同屏幕尺寸的手机上测试，结果无一例外都是320像素（也许有一天App Inventor会改变屏幕组件的这一特性，届时请读者按比例缩放相关尺寸）。考虑到最大限度地利用屏幕的宽度，因此将画布组件的宽度和高度均设为320像素。

在图16-1的棋盘中，画布的高度和宽度为320像素，11条水平及垂直的平行线之间间隔30像素，这样的设置在视觉体验上是舒适的。11条平行线总的宽度为300像素，使得棋盘边界与画布边界之间留有10像素的空白区，这样，当用户在边线上落子时，能够完整地显示棋子（假设棋子的半径为10像素）。

2. 棋子的大小

如前文所述，棋子的半径最大不能超过10像素，否则，边线上的棋子将无法完整显示。图16-1中的棋子半径为10像素，程序将采用这个值作为棋子的半径。

3. 棋盘交叉点的位置

此前我们介绍过画布坐标系，它的原点在画布的左上角，水平方向为x轴，向右为正方向，垂直方向为y轴，向下为正方向。为了计算棋子的位置，需要精确地计算出平行线交叉点的坐标值，并建立坐标值与行、列之间的对应关系。

定义水平方向为行，11条水平线对应于11个行，用n表示行号；同理，定义垂直方向为列，11条垂直线对应于11列，用m表示列号。对于第1行来说，第m个交叉点的坐标公式为：

$$x = 10 + (m-1) \times 30$$
$$y = 10$$

对于第n行来说，第m个交叉点的坐标公式为：

$$x = 10 + (m-1) \times 30 \tag{16-1}$$
$$y = 10 + (n-1) \times 30 \tag{16-2}$$

棋盘交叉点的位置也是棋子的位置，在画布上绘制圆形棋子时，圆心的坐标正是交叉点的坐标，而上面的式（16-1）和式（16-2）明确地给出了x、y与m、n之间的关系。

4. 落子范围的判定

当用户触碰画布，试图在触点放置一个棋子时，触点很有可能偏离交叉点，因此，需要根据触点的x、y坐标，找到离触碰点最近的交叉点。思路是，先由触点坐标求出触点所属的行和列，即求出m、n，再由m、n求出交叉点坐标。

首先设定交叉点的覆盖范围——以交叉点为中心，边长为30像素的正方形所覆盖的范围，然后再来判断触点所属的行和列。

有两种方式来确定触点对应的行列值（m、n），最容易想到的是不等式。用x'、y'表示触点坐标，基于上面的式（16-1）和式（16-2）可以推导出下列不等式：

$$(m-1) \times 30 - 5 < x' \leqslant (m-1) \times 30 + 25 \tag{16-3}$$
$$[由式（16-1）：x - 15 < x' \leqslant x + 15]$$
$$(n-1) \times 30 - 5 < y' \leqslant (n-1) \times 30 + 25 \tag{16-4}$$

[由式（16－2）：$y-15 < y' \leqslant y+15$]

上面不等式成立的条件是m、n均大于1。不过这样的不等式用程序实现时，需要使用循环语句，针对1~11的每一个m、每一个n，判断触点是否属于第m行、第n列，并求出符合条件的m、n值。

还有另一种方式来确定触碰点所对应的m、n，这只需要用到一点整除运算的知识。公式如下：

$$当 x < 26 时，m = 1；当 x \geqslant 26 时，m = (x-26) \div 30 + 2 \qquad （16-5）$$
$$当 y < 26 时，n = 1；当 y \geqslant 26 时，n = (y-26) \div 30 + 2 \qquad （16-6）$$

注意

公式中的除号（÷）表示整除运算，其运算结果将取除法运算所得的整数商（舍弃小数部分）。

上面的两个公式看起来有些疑惑，解除疑惑的办法，就是将几个具体的x、y值代入公式，求出对应的m、n值，尤其有代表性的点是行、列的分界点，如，列的分界点为$x=26$、$x=26+30$、$x=26+60$，等等；同样，行的分界点为$y=26$、$y=26+30$、$y=26+60$，等等。

下面举例说明，如图16-3所示，图中的P点坐标为（135，150），利用式（16-5）和式（16-6）可以计算出P点所属的行、列值（$m=5$，$n=6$）。这种用触点坐标x、y直接求出m、n的方法简便易行，避免了循环语句的繁复。有了m、n的值，就可以根据式（16-1）和式（16-2）求出交叉点的坐标，也就确定了落子的位置。经过本章的学习，相信未来当你独自面对此类问题时，也能找到恰当的解法。

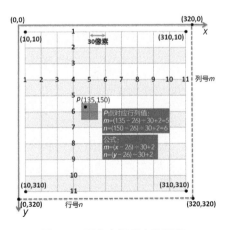

图16-3　画布坐标系中的棋盘

二. 棋盘的数据表示——列表

在游戏中我们需要记录棋盘上每个交叉点的状态——空、白棋或黑棋。

1. 用一维列表表示棋盘

在第15章数独中，我们用一个二级列表（问题列表）表示9×9个方格中的数字：一级列表中的列表项表示行，共有9个一级列表项，表示9行；二级列表中的列表项表示某一行中的列，每个二级列表都有9个列表项，表示每行有9列。二级列表也称"二维列表"，用二维列表来表示一组二维平面上的数据，这样的表示方法让游戏与数据之间的关系相对简单，建立在这种数据结构之上的程序也比较容易理解。

本章即将处理的棋盘数据同样分布在二维平面上，所谓二维，就是需要两个数字才能确定一个点的位置，无论是数独游戏中的数字，还是五子棋游戏中的棋子，都需要"行"和"列"两个值，才能确定所指的究竟是哪一个数字，或哪一个棋子。与数独不同的是，这一章我们用一个一级列表来表示整个棋盘中每个交叉点的状态，一级列表也称一维列表，所谓一维列表，就是列表中的列表项全部都是简单数据类型的值（数字、文本或逻辑值）。本章所用的一维列表共包含121（11×11）个列表项，将其命名为"棋盘列表"，列表项有以下三种可能的值。

（1）**空字符** 表示该交叉点尚未落子；

（2）0 表示此处已落黑子；

（3）1 表示此处已落白子。

这种用一维列表表示二维数据的方法，虽然在游戏与数据的对应关系上不那么直接，但之后你会看到，这样的数据结构同样可以很方便地处理游戏中涉及的各项操作。

2. 序号与行列的转换

在包含121个列表项的棋盘列表中，每个列表项都与棋盘上唯一的一个交叉点相对应。如图16-4所示，把列表项在棋盘列表中的排列位置叫作"序号"，如，棋盘左上角的序号为1，棋盘右上角的序号为11，等等。同时，每个交叉点都有它的行号与列号，序号与行号、列号之间的关系如下：

$$序号 =（行号 - 1）\times 11 + 列号 \qquad （16-7）$$

由于棋盘列表中的列表项与棋盘的交叉点之间存在一一对应的关系，这就确保我们可以完整地记录棋盘上棋子的状态，并以此为根据，决定某个交叉点是否允许落子，并对游戏的胜负加以判定。

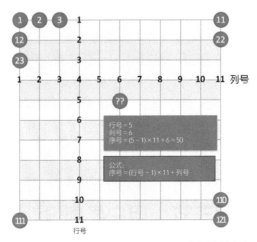

图16-4　棋盘中的行、列与列表项序号之间的数学关系

三．游戏胜负的判定

在五子棋应用中，最复杂的问题莫过于对游戏胜负的判定，不过有了上述提到的一维棋盘列表，要解决这个问题很容易，需要的只是一点小学数学知识，更重要的是细心和耐心。

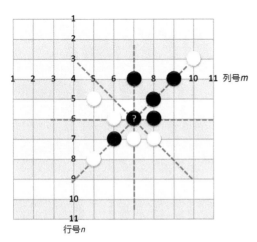

图16-5　每次落子都伴随着对胜负的判定

如图16-5所示，假设最后一个落到棋盘上的棋子位于第6行、第7列的标有问号的黑色棋子（以下简称"问号棋子"）。以问号棋子为中心，可以画出4条直线——水平、垂直、左上右下、左下右上；再以问号棋子为中心，可以将4条直线分割为8条射线，即，左、右、上、下、左上、右上、左下、右下，如图16-5所示的蓝色虚线。沿着这8条射线，分别统计连续出现黑子的个数，然后将棋子个数两

两加和，分别求出每条直线上连续黑子的个数，如果连续黑子的个数等于5，则宣布黑棋赢。

已知问号棋子的行、列值分别为6、7，可以求出8条射线上任意一个交叉点的行、列值，不同射线上交叉点行、列值的计算方法不同，例如，左上方向临近点的行、列值分别为5、6（问号棋子的行列值减1），而右下方向临近点的行、列值分别为7、8（问号棋子的行列值加1）。有了这些行、列值，就可以利用式（16-7）将行、列值换算为序号，进而求出棋盘列表中对应的列表项——交叉点处的棋子类型，并求出每条射线上连续黑子的数量，最终判定黑子是否取胜。

以上三点是将游戏转化为程序的难点所在，尤其是胜负判定问题，它依赖于对前两个问题的解决。有了以上分析，我们可以开始动手创建应用了。

第三节 ▷ 用户界面设计

五子棋游戏的用户界面设计非常简单，核心组件是画布，用于显示棋盘，一个圆形按钮用于提示用户当前棋子的颜色，此外，对话框组件用于在游戏结束时，宣布游戏结果，并提供选项供用户选择。设计视图中的用户界面如图16-6所示，组件的名称及属性设置如表16-1所示。

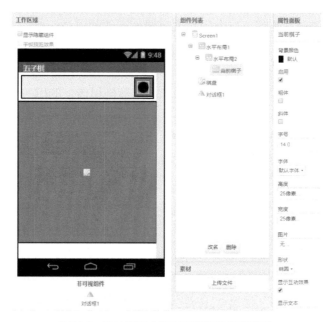

图16-6 设计视图中的五子棋游戏用户界面

表16-1　组件的名称及属性设置

组件类型	名称	属性	属性值
屏幕	Screen1	水平对齐	居中
		标题	五子棋
水平布局	水平布局1	宽度	95%
		高度	50像素
		水平对齐	居右
		垂直对齐	居中
	水平布局2	宽度、高度	40像素
		水平、垂直对齐	居中
		背景颜色	定制颜色（#ff661ea0）
按钮	当前棋子	宽度、高度	25像素
		形状	椭圆
		显示文本	空
画布	棋盘	宽度、高度	320像素
		画笔线宽	1像素
		背景颜色	定制颜色（#ff661ea0）
对话框	对话框1	默认值	

第四节 ▷ 编写程序——屏幕初始化

一. 声明全局变量

1. 设定绘图参数

从前文的分析中得知，画布的宽和高均为320像素，棋盘的行、列数均为11，行、列之间的间隔为30像素，棋盘总的宽、高均为300像素，棋子的半径为10像素，棋盘与画布边界之间有10像素的距离。

根据以上数据，我们声明以下5个全局变量，以便在编写程序时，用变量替代具体的值。如图16-7所示，其中的"起点"和"终点"指的是绘制11条平行线的起点与终点，除"行列数"外，其余数值

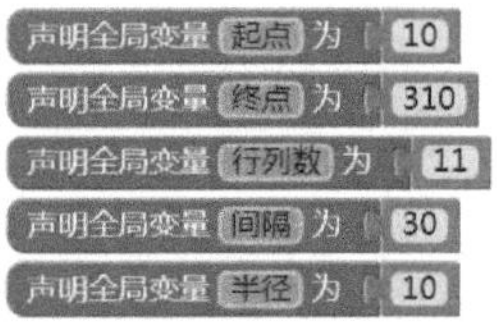

```
声明全局变量 起点 为 10
声明全局变量 终点 为 310
声明全局变量 行列数 为 11
声明全局变量 间隔 为 30
声明全局变量 半径 为 10
```

图16-7　与棋盘绘制有关的参数

的单位均为像素。

在之前的章节中，我们介绍过"硬编码"的概念，这里再次加以重申：在程序中使用某些具体的值，这样的代码被称作硬编码。程序员应该具有一种本能的偏好，那就是尽量避免在程序中使用硬编码。用变量替代具体的值，这样做的好处是，当我们想要修改某些具体的数值时，只需修改变量的值，而不必改动程序，这样的程序更加便于维护。

2. 记录游戏状态

声明两个全局变量，如图16-8所示，其中"黑白"用来保存当前棋子的种类，可选值为

图16-8　与游戏状态有关的全局变量

0或1，0表示黑棋，1表示白棋。棋子列表用来记录棋盘上每一个交叉点的状态，列表长度为121。

二、屏幕初始化

1. 画水平线、画垂直线

定义两个无返回值的过程——"画水平线"与"画垂直线"，代码如图16-9所示。

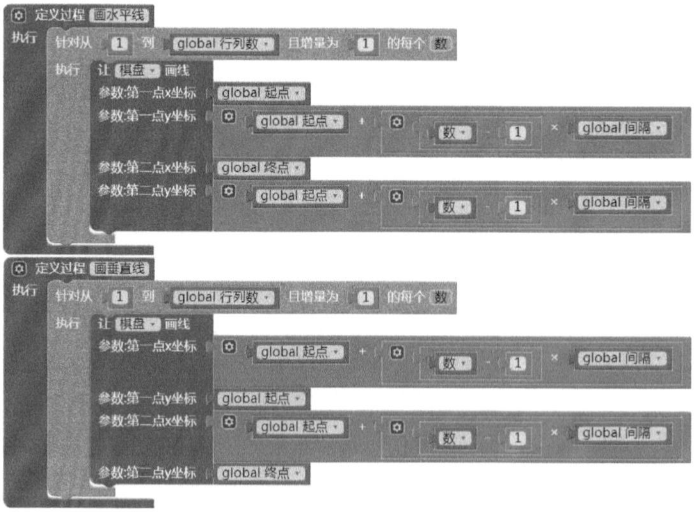

图16-9　定义两个无返回值的过程——"画水平线""画垂直线"

过程中使用了四个全局变量作为绘图参数，设想一下，如果我们想在宽和高均为320的画布上绘制15条平行线，那么至少要修改"行列数"和"间隔"两个变量的值，也有可能要修改全部的五个参数，如果没有变量，程序的改动量有多大？

2. 初始化棋盘列表

全局变量棋盘列表的初始值设置为空列表，在游戏开始前，需要为其添加121个列表项，列表项的值均为空文本，即尚未有任何棋子落到棋盘上。创建一个无返回值的过程——"初始化棋盘列表"，代码如图16-10所示，为棋子列表添加列表项，并设列表项的初始值为空文本。

图16-10　定义无返回值的过程——"初始化棋盘列表"

考虑到重新开始新一轮游戏时，要重新初始化棋盘列表，因此，在初始化棋盘列表过程里首先设置棋盘列表为空列表，然后再利用循环语句为121个列表项赋值。

3. 求落子颜色

创建一个有返回值的过程——"落子颜色"，将全局变量"黑白"的值转换为颜色值，以便在后面编写程序时调用，代码如图16-11所示。

图16-11　定义有返回值的过程——
"落子颜色"

4. 游戏初始化

创建一个无返回值的过程——"游戏初始化"，将与游戏初设置有关的代码囊括其中，代码如图16-12所示。

同样是考虑到重新开始新一轮游戏时，会调用游戏初始化过程，因此，在此过程里首先清空画布，重新绘制棋盘，然

图16-12　定义无返回值的过程——
"游戏初始化"

后初始化全局变量"黑白"及"棋盘列表"，最后设置当前棋子按钮的背景颜色以及棋盘的画笔颜色。这里提醒读者留心游戏初始化过程里代码的排列顺序：先清除，后绘制，先为变量赋值，再设置组件属性。

在完成上述任务后，在屏幕初始化事件中调用"游戏初始化"过程，代码如图16-13所示。

图16-13　屏幕初始化程序

至此我们完成了五子棋应用的屏幕初始化任务，下面连接手机进行测试，测试结果如图16-14所示。

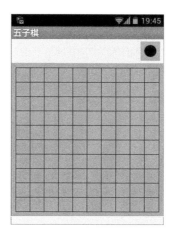

图16-14　测试：屏幕初始化

第五节　编写程序——下棋

在现实世界中，下棋就是执棋一方将棋子放置在棋盘的某个交叉点上，这样一个简单的动作在程序中意味着怎样的一系列指令呢？与游戏初始化（设置游戏的初始状态）相比，下棋的动作是改变游戏的初始状态，然后再改变游戏的当前状态，直到一方赢得游戏。沿着这样的思路，我们把焦点放在"状态改变"上，所谓状态，在程序中体现为两个方面，一是全局变量的值，二是组件的属性或外观，因此状态改变无非就是修改全局变量的值，以及改变组件的属性或外观。

基于以上认识，我们来具体分析一下下棋过程需要改变的状态。假设当前落子一方为黑棋。首先要取得用户触碰画布时触点的坐标x、y，将x、y换算为触点所属的行、列值n、m，再将n、m转换为棋盘列表中列表项的序号，根据序号读取列表项的值，只有当列表项的值为空字符时，下棋操作才能实现，此时，将发生以下的状态改变。

（1）全局变量

① 棋盘列表：替换列表项——将与序号对应的列表项的值（空字符）替换为"0"。

② 黑白：将当前值0改为1。

（2）组件属性或外观

① 在用户选定的交叉点处绘制黑色棋子。

② 当前棋子（按钮）：背景颜色修改为白色。

③ 棋盘（画布）：画笔颜色修改为白色。

在明确了"改变状态"的具体内容之后，可以开始编写程序了，首先要创建一系列的过程，以便让程序具有良好的结构。

一、定义过程

1. 由触点坐标求行、列值

根据前面的式（16-5）和式（16-6），分别以触点y、触点x为参数，定义两个有返回值的过程——"行""列"，代码如图16-15所示。

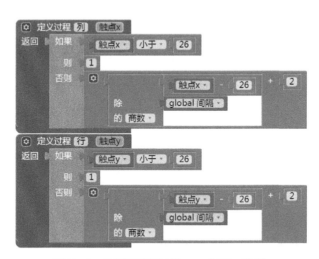

图16-15　有返回值的过程——"行""列"

2. 由触点坐标求棋子落点坐标

有了上面的"行""列"两个过程，根据式（16-1）和式（16-2），可以由行、列值求出棋盘上的交叉点坐标，因此，也可以由触点坐标求出交叉点坐标。

落点即交叉点，这里使用落点替代交叉点，更加便于理解代码的含义。定义两个有返回值的过程——"落点x""落点y"，代码如图16-16所示，通过调用行、列两个过程，将触点坐标转化为行、列，并最终求出棋子的落点坐标。

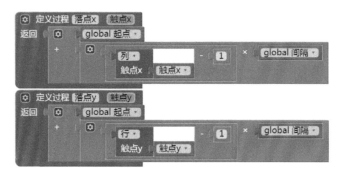

图16-16　有返回值的过程——"落点x""落点y"

3. 由行、列值求序号

根据式（16-7），可以由行、列值求出交叉点在棋盘列表中的位置——序号，定义一个有返回值的过程——序号，代码如图16-17所示。

图16-17　有返回值的过程——序号

4. 判断交叉点是否为空

定义一个有返回值的过程——交叉点为空，查询棋子列表中指定序号的列表项，如果列表项的值为空字符，则返回真，否则返回假。代码如图16-18所示。

图16-18　有返回值的过程——交叉点为空

二、处理画布的触摸事件

当用户点击棋盘上一点时，会触发画布组件的触摸事件，该事件携带了触点的x、y坐标，根据x、y坐标可以求出触点所在的行和列，根据行、列值可以求出交叉点在棋盘列表中的序号，进而可以判断该交叉点是否为空。只有当交叉点为空时，才能执行下棋相关的指令。

与下棋相关的指令包括：

（1）更新全局变量：黑白、棋盘列表。

（2）在棋盘上绘制棋子。

（3）修改当前棋子按钮的背景颜色。

（4）修改画布的画笔颜色。

触摸事件处理程序的代码如图16-19所示。

以上实现了下棋功能，下面进行测试，测试结果如图16-20所示。

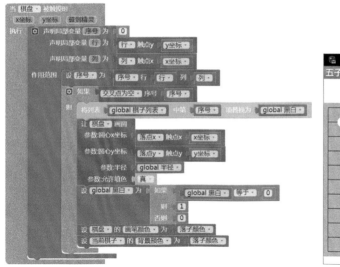

图16-19　在棋盘（画布）的被触摸事件中实现下棋功能　　图16-20　下棋功能的测试结果

第六节 ▶ 编写程序——判定胜负

在本章第二节中我们讨论过判定胜负的问题，假设最后落下的棋子是黑子，则以该黑子为中心，向八个方向画出8条射线，分别累计8条射线上与中心黑子邻近的连续黑子的个数，然后将同一条直线上的两个累计结果相加，如果任意一条直线上的累计数等于5，则判定黑棋胜。在理解了上述思路的基础上，我们先来求解8条射线上与中心点同色的连续棋子数。

一 八个方向与八个过程

之所以要为八个方向编写不同的过程，是因为每个方向上，交叉点行、列的计算方法不同，相邻的棋盘边界也不同，这就导致处理方法上的差异，因此，为了让程序变得简单，让一个过程只解决一个问题。

为了讲解的方便，这里称最后落下的棋子为中心棋子，过程的命名方式为"方向"+"同色棋子数"，如"上方同色棋子数"等。

1. 上方同色棋子数

在考虑上方棋子时，首先要排除中心棋子落在棋盘边界上的可能，然后再保持列号不变，利用条件循环语句，让行号依次−1，直到遭遇到边界或不同颜色的棋子，则循环结束。代码如图16-21所示。

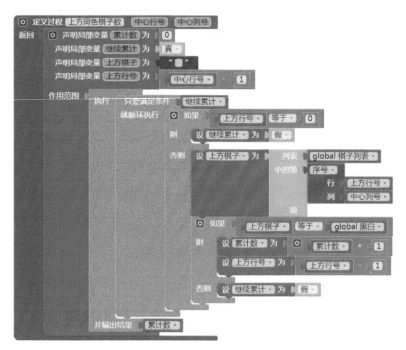

图16-21 累积中心棋子上方的同色连续棋子数

注意上述过程里循环语句终止的条件，两种条件下循环终止——遇到上边界或遇到对方棋子。在处理同色棋子时，首先将累计数加1，然后让局部变量上方行号减1，之后进入下一次循环。

2. 下方同色棋子数

与上方同色棋子数（以下简称"上方"）过程相似，不同的是，下方同色棋子数（以下简称"下方"）过程要考虑的是棋盘的下边界，行号也由递减改为递增。代码如图16-22所示。

比较以上两个过程，观察它们的差别，不妨思考一个问题：能否将这两个过程变为一个过程呢？答案是肯定的，添加一个参数"行差"，向上累加时，行差取值为－1，向下时行差为1，至于对边界的判断，只要再添加一个条件语句就可以了（根据行差的值决定边界的判断条件）。不过，合二为一的处理方法虽然表面上看代码量减少了，但是增加了条件语句，破坏了代码的简洁性，因此，宁愿增加代码量，也要保证代码的简洁易读。

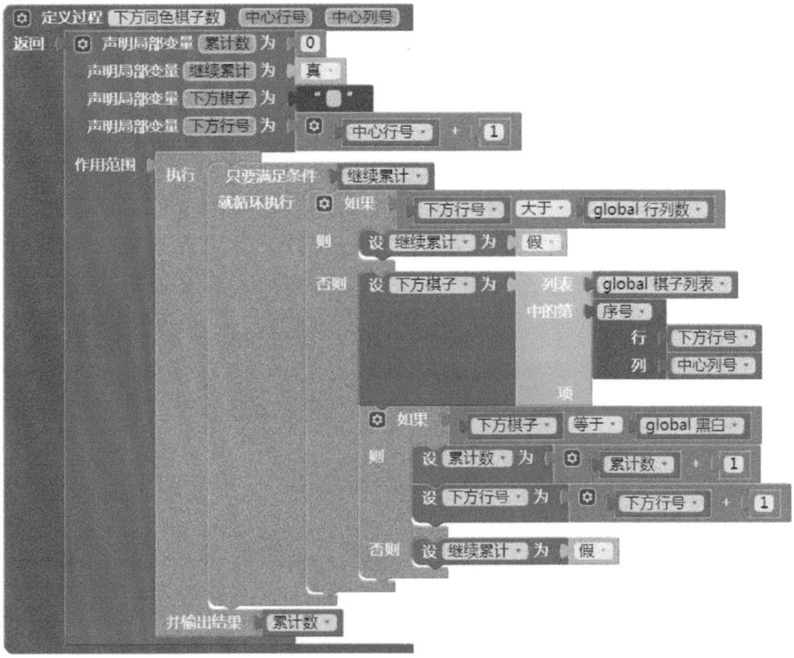

图16-22　累积中心棋子下方的同色连续棋子数

3. 左侧同色棋子数

左侧同色棋子数（以下简称"左侧"）过程与上方过程具有很高的相似性，不同的是，前者让列号减1，而后者让行号减1，前者判断左边界，而后者判断上边界。代码如图16-23所示。

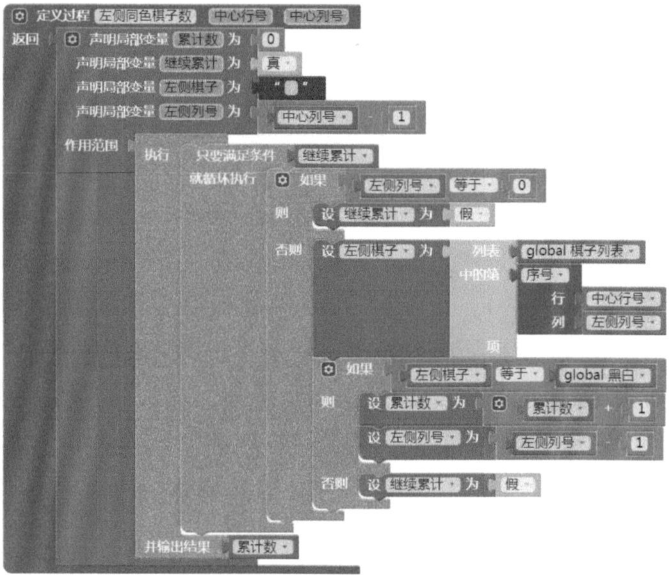

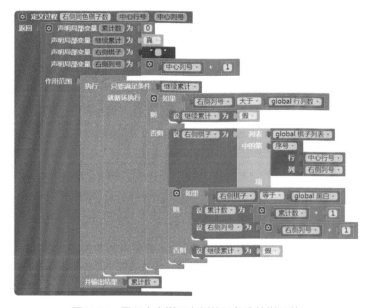

图16-23　累积中心棋子左侧的同色连续棋子数

4. 右侧同色棋子数

右侧同色棋子数（以下简称"右侧"）过程与下方过程相似，只是将行号递增变为列号递增，判断下边界变为判断右边界。代码如图16-24所示。

图16-24　累积中心棋子右侧的同色连续棋子数

此时同样会思考这样的问题：能否将上方与左侧合并，下方与右侧合并呢？答案也是肯定的，不过，在计算同一直线上两个方向的棋子数之和时，还要额外添加条件语句，这同样会破坏代码的简洁性，因此我们依然坚持每个方向一个过程的做法。

5. 左上方同色棋子数

与上方和左侧相比，左上方同色棋子数（以下简称"左上方"）会同时处理行号与列号的递减，并且要同时考虑左边界与上边界的存在。代码如图16-25所示。

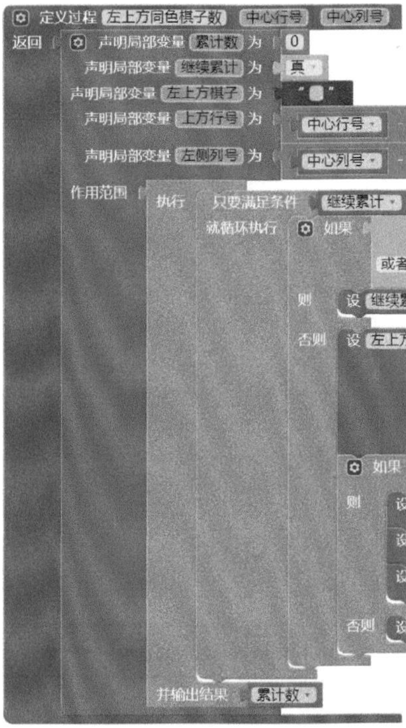

图16-25　累积中心棋子左上方的同色连续棋子数

6. 右下方同色棋子数

与下方和右侧两个过程相比，右下方同色棋子数（以下简称"右下方"）过程要同时处理行号与列号的递增，并且要同时考虑右边界与下边界的存在。代码如图16-26所示。

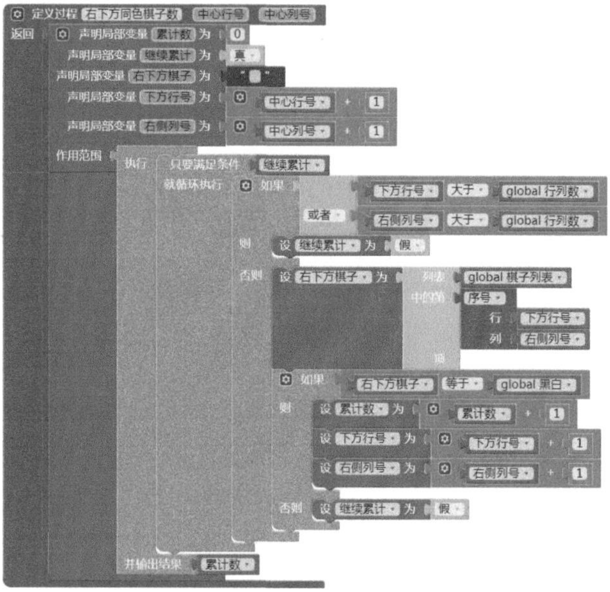

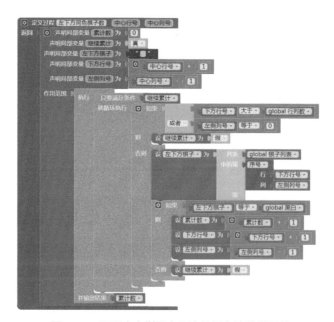

图16-26　累积中心棋子右下方的同色连续棋子数

7. 左下方同色棋子数

左下方同色棋子数（以下简称"左下方"）过程要同时考虑左边界及下边界的存在，并让行号递增而列号递减，代码如图16-27所示。

图16-27　累积中心棋子左下方的同色连续棋子数

8. 右上方同色棋子数

与左下方过程相似，右上方同色棋子数过程要同时考虑上边界与右边界的存在，并让行号递减而列号递增，代码如图16-28所示。

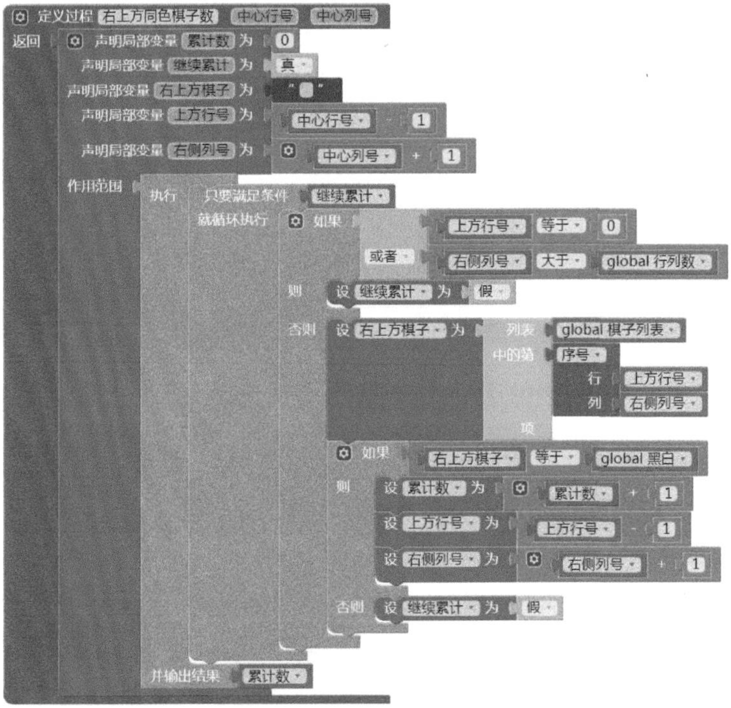

图16-28　累积中心棋子右上方的同色连续棋子数

二. 判定胜负

1. 有返回值过程——赢棋

有了上面的八个过程，接下来再创建一个有返回值的过程——赢棋，将上述八个过程的返回值两两相加，并根据相加和的结果判断当前棋手是否赢得游戏。代码如图16-29所示。

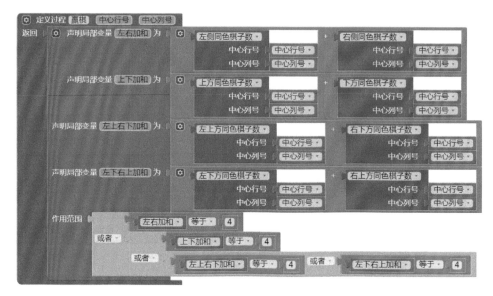

图16-29　有返回值过程——"赢棋"

注意

判断赢棋的条件是相加和的结果等于4，因为在加和时没有把中心棋子计算在内。

2. 无返回值过程——宣布赢棋

定义一个无返回值过程——"宣布赢棋"，在该过程里调用对话框组件的内置过程——"显示选择对话框"，代码如图16-30所示。

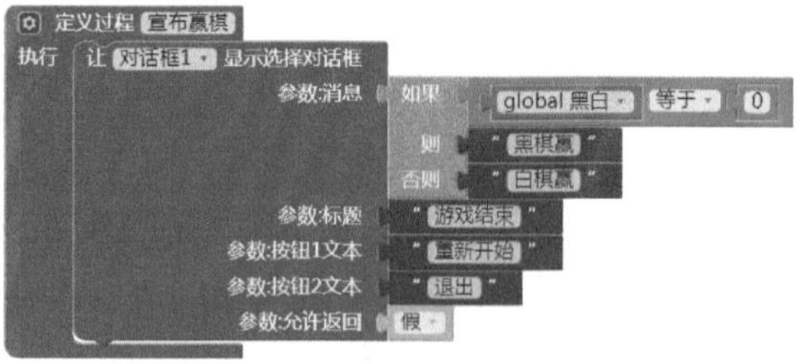

图16-30　无返回值过程——"宣布赢棋"

3. 实现判定胜负功能

定义"宣布赢棋"过程的目的并非是为了复用代码，而是要让下面的程序不那么冗长。接下来在画布的触摸事件中调用"赢棋"及"宣布赢棋"过程，并最终实现游戏的判定胜负功能，代码如图16-31所示。

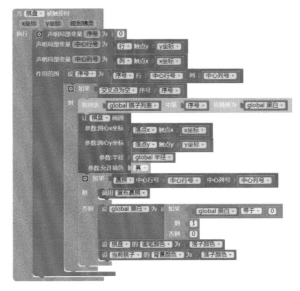

图16-31 最终实现游戏的判定胜负功能

注意上述代码的执行顺序，棋手落子后，首先更新全局变量棋盘列表并绘制棋子，然后调用"赢棋"过程，如果"赢棋"过程返回值为真，则宣布赢棋，游戏结束，否则，更新全局变量黑白，并更改相关组件的属性值，游戏将继续进行。

下面进入测试环节，测试结果如图16-32所示。

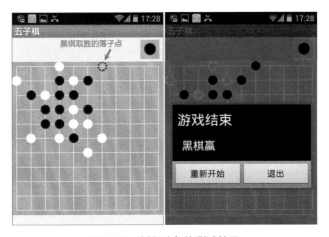

图16-32 判断胜负的测试结果

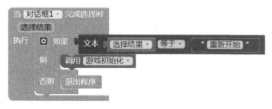

图16-33　在对话框完成选择事件中处理用户选择

游戏结束后，用户可以选择重新开始，也可以退出游戏，在对话框组件的完成选择事件中处理用户的选择，代码如图16-33所示。

至此已经实现了五子棋游戏的全部预设功能，最后一段代码的测试请读者自行完成。

第七节 ▶ 小结

本章完成的五子棋游戏，仅仅实现了交替落子、判断胜负的简单功能，考虑到手机的私密性，不大可能两人在一部手机上游戏，游戏者只能一人担当两个角色，自己与自己下棋。一种可能的解决方案是利用App Inventor的计时器和网络数据库组件，开发一款基于网络的双人游戏，将全局变量（棋盘列表、黑白）保存到网络数据库中，在每个计时事件中读取和更新数据并判断输赢，有兴趣的读者可以自己做做看。

本章要点总结如下：

（1）整除运算、求余数运算在游戏或绘图类应用中是一种很常用、很有效的计算方法；

（2）用一维列表表示二维数据，关键在于确定序号与行、列之间的关系；

（3）用变量替代具体的数值，可以避免在程序中使用硬编码；

（4）在一段顺序无关的代码中，将变量赋值语句放在属性设置语句之前，有意识地按顺序排列代码，有助于程序的修改和纠错；

（5）当减少代码量和程序简洁性之间存在冲突时，优先考虑程序简洁性。

附录1 ▷ 开发与测试工具的选择

在第1章中我们介绍了最简单的开发与测试方案，目的是为了让读者快速进入学习状态。但很快你会发现，最简单的方案有它的局限性。最常见的问题就是在给中小学生上课时，学校禁止学生使用手机，或者学生的电脑无法访问互联网，等等，这时就需要寻找其他的替代方案。以下介绍如何搭建自己专有的开发服务器，以及另外两种可行的测试方案。

一、开发服务器的选择

1. 在线服务器

就开发工具而言，有两种方式可供选择——在线版与离线版。在线版上手容易，对于初学者来说，可以降低入门阶段的难度，将注意力集中在语言学习上。国内目前长期提供服务的在线版有两个：http://ai2.17coding.net 及 http://app.gzjkw.net。这两个在线版在汉化版本上略有差异，本书采用的是前者的版本。这两个服务器均提供免费服务，国内目前还没有出现商业化的收费服务。

2. 离线服务器

App Inventor离线版的产生最初是为了满足教学的需要，有些中小学希望开设这一课程，但学校机房限制使用外网，因此离线版就成了唯一的选择。离线版的搭建并不复杂，利用个人电脑就可以实现服务器功能。对于个人开发者而言，一个属于自己的专用服务器，在运行效率和稳定性方面都要好于在线版。

3. 搭建自有开发环境

搭建自有的开发服务器需要完成下列四个步骤。

（1）下载离线包　目前2018版的App Inventor离线包可以从https://coding.net/u/roadlabs/p/ai2serveredition/git/raw/master/AppInventor2018ServiceEdition Win.

zip下载，最新版本的下载地址请到笔者博客的置顶帖（blog.sina.com.cn/jcjzhl）中查找。

注 意

> 注意有些安全软件（如防病毒软件）会干扰文件的下载，如果发现下载的文件不完整，请暂时关闭安全软件，等下载完成后，再让安全软件恢复运行。

（2）**解压缩离线包** 请将压缩文件直接解压缩到硬盘的根目录下，解压后得到两个文件夹及一个可执行文件"启动App Inventor.exe"，这就是启动服务的命令文件。如附图1-1所示。同样，有些安全软件会在解压缩时删除压缩文件中的可执行文件，因此在解压之后，如果发现缺少启动文件，则需暂时关闭安全软件，待解压完成之后，再重新启动安全软件。

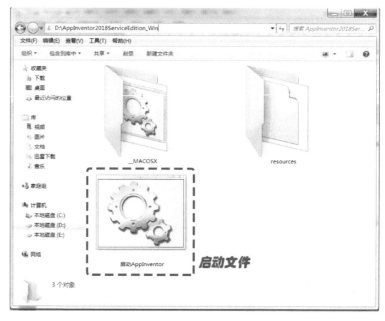

附图1-1　解压缩之后的App Inventor离线包（2018版）

（3）**启动服务** 执行上述启动命令，将打开两个黑色窗口，如附图1-2所示。其中的"Dev Server"为开发服务器，在开发过程中必须保持这个窗口处于开启状态，可以最小化，但不能关闭。另一个"Build Server"窗口中运行的是编译服务器，在日常开发过程中，如果暂时不需要编译项目，可以将这个窗口关闭，以节省系统资源。

开发服务器窗口

编译服务器窗口

Server running 意味着服务器已经成功启动！

附图1-2　运行启动命令后打开两个服务窗口

（4）**打开App Inventor开发环境**　服务启动成功后，在chrome或firefox浏览器地址栏中输入"localhost:8888"，即可打开App Inventor开发环境，如附图1-3所示。

附图1-3　打开App Inventor开发环境

浏览器地址栏中的"localhost"也可替换成你电脑的IP地址，获取本机IP地址的方法如下：在Windows的命令行窗口中输入"ipconfig"，如附图1-4所示。其中的"192.168.2.92"就是本机的IP地址。

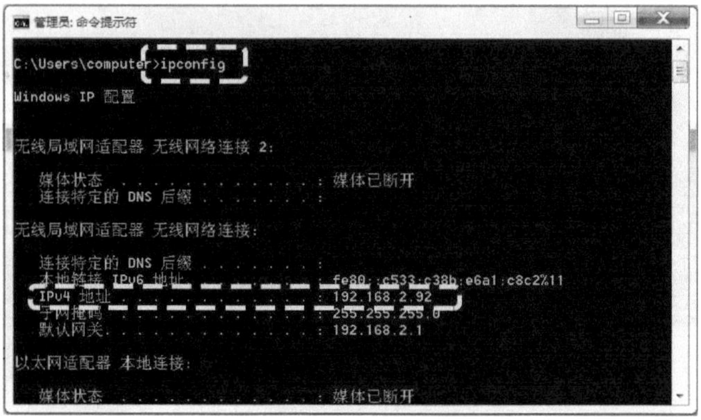

附图1-4　获取本机IP地址的方法

在2018年以前，MIT发布的App Inventor均为Beta版（测试版），版本一直处于持续的更新之中，而离线版不会紧跟MIT的版本更新。通常离线版每年更新一次，与新版本有关的安装及部署方法也会略有改变。在笔者的新浪博客中，会不定期地发表与App Inventor相关的技术文章，与最新的离线版相关的文章会一直置顶，其中有相关文件的下载链接，以及相应的使用说明，有需要的读者可加以关注：http://blog.sina.com.cn/jcjzhl。

二. 测试工具的选择

在第一章中介绍了手机＋AI伴侣的测试方案，对于个人开发者而言，这一方案便捷高效，但也有其局限性，如对安卓设备的依赖，以及不适合课堂教学等。这里介绍另外两种测试方案：桌面版AI伴侣及官方安卓模拟器。

1. 桌面版AI伴侣

桌面版AI伴侣最早发布于2017年初，是针对App Inventor课堂教学而制作的一款桌面应用（由张路先生制作），运行环境为Windows及Mac OS。由于桌面版AI伴侣安装简单，使用便捷，因此也受到了许多个人开发者的青睐，目前该应用采用的AI伴侣版本为2.46，与ai2.17coding.net的开发体验环境相匹配。桌面版AI伴侣的版本会随着开发工具版本的更新而更新。具体的实现方法如下。

（1）**下载压缩文件** 下载地址如下：

① Win7-32位版：https://coding.net/u/roadlabs/p/ai2serveredition/git/raw/master/AI2Companion_Win7_32bit.zip

② Win7-64位版：https://coding.net/u/roadlabs/p/ai2serveredition/git/raw/master/AI2Companion_Win7_64bit.zip

（2）**解压缩** 将压缩文件直接解压缩到硬盘的根目录下。注意，有些安全软件会在解压缩时删除压缩文件中的可执行文件，因此在解压之后，如果发现缺少"ailaunch.bat"文件，则需暂时将安全软件关闭，待解压完整之后，再重新启动安全软件。

（3）**运行桌面版伴侣** 在解压后的文件夹中双击"ailaunch.bat"，将打开一个命令行窗口，稍后出现AI伴侣的运行界面，如附图1-5所示。命令行窗口中的文字是命令执行过程中的提示信息，不影响程序的启动及运行，请不必介意。

附图1-5　运行桌面版AI伴侣

（4）**连接AI伴侣** 在开发工具中点击连接菜单中的"AI伴侣"选项，生成一个六位编码，将该编码输入到AI伴侣的编码输入框中，点击"用编码进行连接"按钮，完成开发工具与桌面版AI伴侣之间的连接，如附图1-6所示。

附图1-6　连接开发工具与桌面版AI伴侣

（5）**测试方案评价**　安装简单，启动运行顺畅；测试效率高；无法测试与传感器及多媒体有关的功能。

2. 官方安卓模拟器

MIT App Inventor提供了一款官方的安卓模拟器，其中内置了AI伴侣，可以用于开发测试，软件的名称为aistarter（中文译作App Inventor调试工具），下载地址为：https://pan.baidu.com/s/1qYaNGvE（版本更新时该地址会改变，新地址见笔者的博客置顶帖）。

具体的使用方法如下。

（1）**安装调试工具**　双击解压缩后的文件，启动安装程序，如附图1-7所示，点击"运行"按钮，然后一直选择"下一步"即可完成安装，并在桌面上生成调试工具图标。

附图1-7　安装、运行官方的模拟器程序

（2）**运行测试工具**　双击桌面上的调试工具图标，将打开命令行窗口，如附图1-8所示，在开发过程中必须保持该窗口处于打开状态（可以最小化，但不能关闭）。

附图1-8　在Windows中运行测试工具aistarter

（3）**连接模拟器**　在开发工具菜单中选择"连接→模拟器"，此时Windows 中打开另一个命令行窗口，同时打开模拟器窗口，在开发过程中，要保持这两个窗口处于打开状态（可以最小化，但不能关闭）。在连接过程中，开发工具会显示如下信息，如附图1-9所示，同时模拟器的屏幕上会显示AI伴侣的启动过程，如附图1-10所示。

附图1-9　连接模拟器过程中开发工具中显示的信息

上述过程大约需要2分钟，第一次启动的时间可能更长。这期间有两次中断需要人为干预，一是开发工具会提醒"伴侣程序已过期"[附图1-9（d）]，这时可以选择"现在不"继续启动模拟器中的AI伴侣，也可以选择"确定"升级AI伴侣。另一次中断发生在模拟器中，如附图1-10（d）所示，提示伴侣应用无响应，此时选择"等待"，稍后就会打开应用画面，如附图1-10（e）所示。

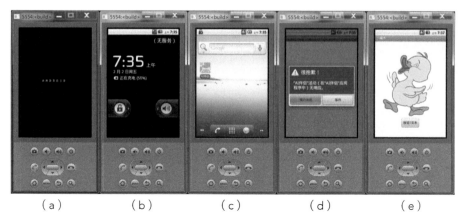

（a）　　　　（b）　　　　（c）　　　　（d）　　　　（e）

附图1-10　模拟器窗口中屏幕的变化

（4）测试方案评价　安装稍显复杂，启动运行不够顺畅；测试效率较低，对项目改动的反应滞后；无法测试与传感器及多媒体有关的功能。

除了官方提供的模拟器外，网上还可以搜到很多第三方的安卓模拟器，可以利用其中内置的浏览器访问AI伴侣文件，下载并安装AI伴侣，也可以实现测试功能，有兴趣的读者请参考模拟器厂家提供的参考手册，这里不再赘述。

附录2 相关的学习资源介绍

（1）块语言编程游戏　http://playground.17coding.net，该游戏可以作为App Inventor学习的先导课程，通过游戏了解编程的基本概念及方法。

（2）电子书籍

① 初级——App Inventor中文教程：http://book1.17coding.net。

② 中级——App Inventor开发集锦：http://book2.17coding.net。

③ 高级——俄罗斯方块开发笔记：http://book3.17coding.net。

④ App Inventor参考手册：https://web.17coding.net/reference/。

（3）微信公众号"老巫婆的程序世界"　已经发送了100期视频课程——App Inventor趣味编程，今后还会继续发送与编程有关的技术文章及课程，有兴趣的读者可以扫描以下二维码关注一下。

（4）笔者的博客　blog.sina.com.cn/jcjzhl，其中发布了与App Inventor编程有关的技术文章，置顶帖中有最新版本离线包、桌面版AI伴侣的下载链接及使用说明。

附录3 ▶ 不同的App Inventor汉化版本

目前国内有两种不同的App Inventor汉化版本，一种是17coding汉化版（ai2.17coding.net），本书采用的正是这个版本（离线包同）。另一种是MIT官方的汉化版（app.gzjkw.net）。这两种版本在块语言的汉化上略有差别，本附录将两者加以对照，供读者参考。

不同汉化版本的代码块对照表见附表3-1～附表3-4。

附表3-1　内置块——控制类及逻辑类代码块对照表

17coding汉化版	MIT官方汉化版
针对从 1 到 5 且增量为 1 的每个 数 执行	对于任意 变量名 范围从 1 到 5 每次增加 1 执行
针对列表 中的每一 项 执行	对于任意 列表项目名 于列表 执行
只要满足条件 就循环执行	当 满足条件 执行

续表

17coding汉化版	MIT官方汉化版
执行 并输出结果	执行模块 返回结果
求值但不返回结果	求值但忽略结果
打开屏幕	打开另一屏幕 屏幕名称
打开屏幕 并传递初始值	打开另一屏幕并传值 屏幕名称 初始值
屏幕初始值	获取初始值
关闭当前屏幕	关闭屏幕
关闭屏幕并返回值	关闭屏幕并返回值 返回值
屏幕初始文本值	获取初始文本值
关闭屏幕并返回文本值	关闭屏幕并返回文本 文本值
等于 / 并且 / 或者	= / 与 / 或

附表3-2 内置块——数学类代码块对照表

17coding汉化版	MIT官方汉化版
等于	=
÷	/
的 次方	^
1 到 100 之间的随机整数	随机整数从 1 到 100
就高取整 就低取整	上取整 下取整
除 的 模数 (模数 / 余数 / 商数)	求模 ÷ (求模 / 求余数 / 求商)
余弦 正弦 正切	sin cos tan

17coding汉化版	MIT官方汉化版
y x 的反正切值	atan2 y x
将 由弧度转角度	角度 <——> 弧度 弧度——> 角度
将 转为 位小数	将数字 转变为小数形式 位数
为数字	是否为数字?
将 十进制转十六进制	convert number base 10 to hex

附表3-3　内置块——文本类代码块对照表

17coding汉化版	MIT官方汉化版
拼字串	合并字符串
的 长度	求长度
为空	是否为空
文本 小于	字符串比较 <
删除 首尾空格	删除空格
将 转为大写	大写
在文本 中的位置	求子串 在文本 中的起始位置
文本 中包含	检查文本 中是否包含子串
用分隔符 对文本 进行 分解	分解 文本 分隔符
从文本 的 处截取长度为 的子串	从文本 第 位置提取长度为 的子串

续表

附表3-4　内置块——列表及颜色类代码块对照表

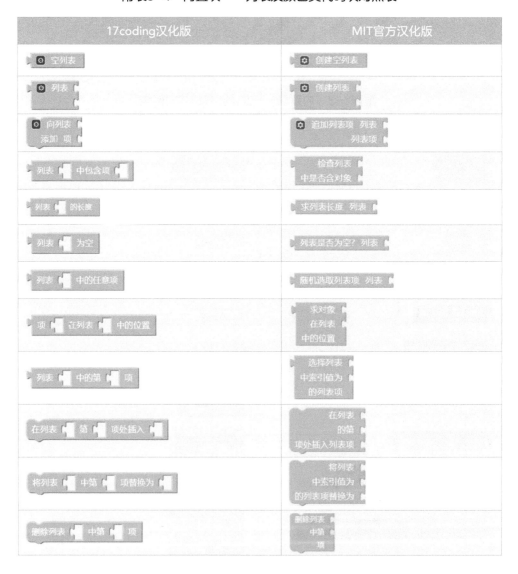

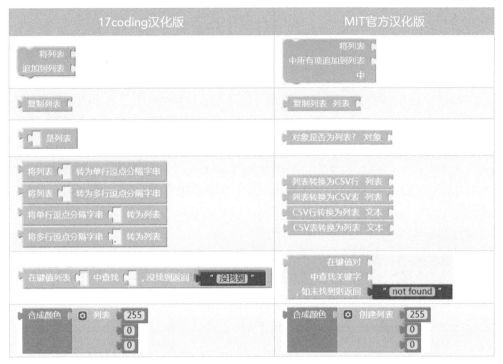

附表3-1~附表3-4中，同一行中的代码块功能相同，只是汉化方法不同，如附图3-1所示的两段代码，它们的作用相同，在屏幕初始化时求1~100的整数之和，并将计算结果显示在屏幕的标题栏中。

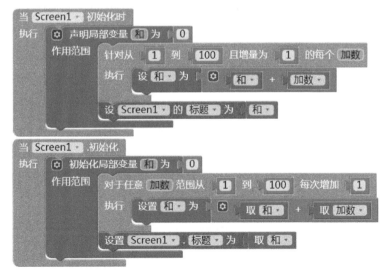

附图3-1　比较两个汉化版本的求和运算

2015年春季曾经与一家教育公司讨论过App Inventor线下教学的问题，当时教育公司希望我开发出一套针对10~15岁青少年的标准化编程课程，继而开展相关的教学活动。那时距离我译完*App Inventor——Create Your Own Android Apps*❶仅有不到一年的时间，对于短期内制作出标准化课程，我感到有些力不从心，因此事情就搁置了。不过从2015年夏天开始，张路和我陆续收到一些邀请，为南方一些城镇的中小学信息技术教师提供App Inventor培训，培训期一般是3~4天，学员规模在50人以内。

每次培训大约需要一个月的准备时间，需要准备6~8个案例，并将相关的知识和技能融汇到这些案例中。此外还要准备难度和数量相当的案例作为课堂练习或课后作业。每次课程都会有一些案例被保留下来，用到下一次课程中，同时也会尝试一些新的案例。经过3年时间的磨合，那些被反复讲解的案例逐渐形成了成熟稳定的模式，我将它们整理出来，以文章的方式陆续发布在我的新浪博客及微信公众号中。

在经历过多次培训之后，我意识到应该编写一本书，以便将那些成熟稳定的内容固定下来，也容易分享给更多的人。恰好这时收到了化学工业出版社的邀约，希望我能写一本适合亲子共同阅读的图书，于是我便欣然接受出版社的邀请。但是问题来了，我所接触的编程图书，都是以基本概念和语法要素为纲，构筑起一整套的知识体系。为了帮助理解这些概念和语法，书中会列举一些例题（不是案例），并给出解题方法和答案。这样的书也许适合在高等院校中使用，但是对于中小学生，那些过于抽象的概念体系无法与学生们现有的知识水平对接，这会使学习过程变得晦涩而无趣。即便是亲子阅读的方式，也必须考虑孩子们的阅读体验。反复思考之后，决定还是采取以案例为主，知识和技能为辅的叙述方式，来完成对整本书的构建。这种叙述方式更接近于语文，而非数学，更适合"语言"的教学。

最后要感谢化学工业出版社对我的信任与鼓励，能够让这本书得以出版面世，希望这本书能够成为教师、家长及学生们的手边参考书。

---

❶　该书的中文译本《写给大家看的安卓应用开发书：App Inventor 2 快速入门与实战》已于 2016 年 8 月由人民邮电出版社正式出版。